アナログ電子回路の基礎

堀 桂太郎 著

 東京電機大学出版局

まえがき

　電子回路とは，抵抗，コイル，コンデンサなどの受動素子と，ダイオードやトランジスタ，ICなどの能動素子を用いて構成した回路のことである．電気回路では受動素子を回路の主役とし，直流や交流に対しての回路の動作を考えるが，電子回路では能動素子が回路の主役となる．このため，本書第1章「電子デバイス」では，能動素子の構造や動作原理について学ぶ．その後，トランジスタやFETを使用した各種増幅回路，オペアンプ，発振回路，変調・復調回路，電源回路へと学習を進めていく．

　電子回路は，アナログ回路とディジタル回路に大別できるが，本書で扱うのはアナログ回路である．ディジタル回路については，姉妹書『ディジタル電子回路の基礎』で扱うので，併せてご愛読いただければ幸いである．

　著者の経験では，電気電子系の学科に在籍している学生においても「アナログ電子回路」に苦手意識をもっている人が少なからずいるようである．アナログ回路は，ディジタル回路に比べて複雑な計算を要する場合が多く，また扱う範囲も広いことがその理由であると考えている．そこで本書では，高専や大学に在籍する学生の方々が，アナログ電子回路の概要をつかめるように簡明な説明を心がけた．また，区切りよく学習を進められるように，各章を10ページで構成し，章の終わりには演習問題を設けた．

　そのときには理解できない項目であっても，学習を進める中で振り返ってみると理解できることも多々あろう．どうか，諦めずにねばり強く学習を進めていただきたい．本書が，アナログ電子回路学習の一助になれば著者として望外の喜びである．また，著者のケアレスミスや，浅学非才のための誤記もあろうが，読者のご叱正をいただければ幸いである．

　本書を出版するにあたり，多大なご尽力をいただいた東京電機大学出版局の植村八潮氏，石沢岳彦氏にこの場を借りて厚く御礼申し上げる．

2003年5月

国立明石工業高等専門学校
電気情報工学科
堀　桂太郎

目　次

第1章 電子デバイス ……………………………………… 1

1.1 半導体の基礎 …………………………………… 1
1.2 ダイオード ……………………………………… 3
1.3 トランジスタ …………………………………… 5
1.4 FET ……………………………………………… 7
演習問題1 …………………………………………… 10

第2章 トランジスタ増幅回路 …………………………… 11

2.1 増幅回路の基礎 ………………………………… 11
2.2 増幅回路の動特性 ……………………………… 12
2.3 h パラメータ …………………………………… 14
2.4 増幅度の計算 …………………………………… 16
2.5 各種の接地回路 ………………………………… 17
演習問題2 …………………………………………… 20

第3章 バイアス回路 ……………………………………… 21

3.1 バイアス回路の安定度 ………………………… 21
3.2 各種のバイアス回路 …………………………… 22
3.3 安定度を表す指数 ……………………………… 27
3.4 温度補償回路 …………………………………… 29
演習問題3 …………………………………………… 30

第4章 等価回路 ・・・・・・ 31

4.1 等価回路の考え方 ・・・・・・ 31
4.2 hパラメータ等価回路 ・・・・・・ 32
4.3 yパラメータ等価回路 ・・・・・・ 35
4.4 周波数特性 ・・・・・・ 36
演習問題4 ・・・・・・ 40

第5章 FET増幅回路 ・・・・・・ 41

5.1 FETのバイアス回路 ・・・・・・ 41
5.2 FETの3定数 ・・・・・・ 43
5.3 FETの等価回路 ・・・・・・ 45
5.4 FETによる増幅回路 ・・・・・・ 47
演習問題5 ・・・・・・ 50

第6章 RC結合増幅回路 ・・・・・・ 51

6.1 多段増幅回路の種類 ・・・・・・ 51
6.2 RC結合増幅回路の周波数特性 ・・・・・・ 53
演習問題6 ・・・・・・ 60

第7章 負帰還増幅回路 ・・・・・・ 61

7.1 負帰還の原理 ・・・・・・ 61
7.2 負帰還の効果 ・・・・・・ 62
7.3 帰還増幅回路の種類 ・・・・・・ 64
7.4 実際の帰還増幅回路 ・・・・・・ 66
7.5 エミッタフォロア ・・・・・・ 67
7.6 ダーリントン接続 ・・・・・・ 69
演習問題7 ・・・・・・ 70

第8章 電力増幅回路 …… 71

- 8.1 電力増幅回路の基礎 …… 71
- 8.2 A級電力増幅回路 …… 73
- 8.3 B級プッシュプル電力増幅回路 …… 75
- 8.4 SEPP電力増幅回路 …… 77
- 演習問題8 …… 80

第9章 高周波増幅回路 …… 81

- 9.1 高周波用トランジスタの選定 …… 81
- 9.2 共振と同調 …… 82
- 9.3 単同調増幅回路 …… 84
- 9.4 複同調増幅回路 …… 86
- 9.5 中和回路 …… 87
- 9.6 中間周波増幅回路 …… 88
- 演習問題9 …… 90

第10章 オペアンプ …… 91

- 10.1 オペアンプとは …… 91
- 10.2 反転増幅回路 …… 93
- 10.3 非反転増幅回路 …… 94
- 10.4 オフセット …… 95
- 10.5 差動増幅回路 …… 96
- 演習問題10 …… 100

第11章 発振回路 …… 101

- 11.1 発振の原理 …… 101
- 11.2 *RC*発振回路 …… 102

11.3　LC 発振回路 ……………………………………………… 106
11.4　水晶発振回路 …………………………………………… 108
演習問題11 ………………………………………………………… 110

第12章　振幅変調(AM)回路 …………………………………… 111

12.1　各種の変調方式 ………………………………………… 111
12.2　AMの原理 ……………………………………………… 112
12.3　AM回路 ………………………………………………… 115
12.4　AM復調回路 …………………………………………… 118
12.5　搬送波抑圧変調 ………………………………………… 119
演習問題12 ………………………………………………………… 120

第13章　周波数変調(FM)回路 ………………………………… 121

13.1　FMの原理 ……………………………………………… 121
13.2　FM回路 ………………………………………………… 125
13.3　FM復調回路 …………………………………………… 127
13.4　位相変調（PM）………………………………………… 129
演習問題13 ………………………………………………………… 130

第14章　電源回路 ………………………………………………… 131

14.1　電源回路の諸特性 ……………………………………… 131
14.2　変圧回路 ………………………………………………… 132
14.3　整流回路 ………………………………………………… 132
14.4　平滑回路 ………………………………………………… 136
14.5　安定化定回路 …………………………………………… 137
14.6　スイッチングレギュレータ回路 ……………………… 138
演習問題14 ………………………………………………………… 140

演習問題解答 ………………………………………………… 141
参考文献 ……………………………………………………… 156
索引 …………………………………………………………… 157

第1章 電子デバイス

電子回路の主役は，ダイオード，トランジスタ，FETなどの電子デバイスである．これらの電子デバイスは，半導体を用いてつくられている．この章では，半導体の基礎と，代表的な電子デバイスの仕組みや特性について学ぼう．

1.1 半導体の基礎

鉄や銅のように電流を流しやすい**導体**と，紙やガラスのように電流を流さない**絶縁体**の中間の性質をもった物質を**半導体**という．つまり半導体は，電流を少しだけ流す物質である．半導体は，**真性半導体**と**不純物半導体**に大別される．

(1) 真性半導体

ゲルマニウム（Ge）やシリコン（Si）などの半導体を，不純物を入れないように高い純度で精製した物質を真性半導体という．例えば，Siを99.999 999 999 9％と9が12個並ぶ純度（twelve nineという）に精製したものがある．

GeやSiの原子は最外殻に4個の価電子をもっており，真性半導体ではこれらの価電子が共有結合をして安定している．しかし，図1.1に示すように，光や熱，電界などのエネルギーが加わると，価電子の一部が原子核の拘束を離れて**自由電子**となり，移動した価電子の後には**正孔**（ホール）ができる．この自由電子とホールが電流を流す**キャリア**として働く．

(2) 不純物半導体

真性半導体に，3個または5個の価電子をもつ元素を少量加えた半導体を，不

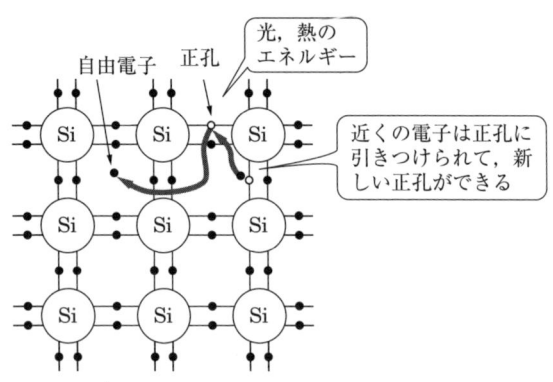

図 1.1 真性半導体

純物半導体という．例えば，図 1.2 に示すように，Si を用いた真性半導体に 3 個の価電子をもつホウ素（B）を少量加えると，共有結合において不足する価電子の位置に正孔ができる．正孔は，キャリアとして働くためにこの半導体は電流をより流しやすくなる．このようにしてつくった不純物半導体を **p 形半導体** という．

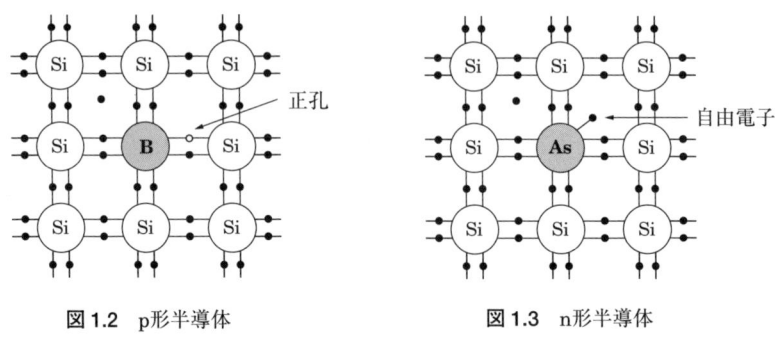

図 1.2 p 形半導体　　　　　　**図 1.3 n 形半導体**

また，図 1.3 に示すように，5 個の価電子をもつヒ素（As）を少量加えると，余った電子は自由電子となり **n 形半導体** と呼ばれる物質になる．

電流を流す主な担い手となる **多数キャリア** は，p 形半導体では正孔，n 形半導体では自由電子である．

電子デバイスに利用されるのは，これらの不純物半導体である．

1.2 ダイオード

　図1.4に示すように，p形半導体とn形半導体を接合した場合を考えよう．接合面では，拡散現象によりp形領域から正孔がn形領域へ移動し，n形領域からは自由電子がp形領域へ移動するため，正孔と自由電子は互いに結合して消滅する．したがって，接合面付近ではキャリアの存在しない**空乏層**と呼ばれる領域ができる．このような**pn接合**の両端に電極を取り付けた電子デバイスを**ダイオード**と呼ぶ（図1.5）．

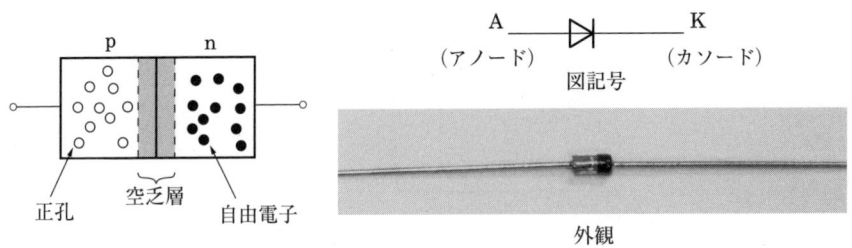

図1.4　pn接合　　　　　　　　図1.5　ダイオード

　ダイオードに電圧を加える場合を考えよう．図1.6(a)に示す向きに電圧を加えると，p形半導体の中にある多数キャリア（正孔）はn形半導体へ，n形半導体の中にある多数キャリア（自由電子）はp形半導体の方向へ移動し，両者は結合して消滅する．これによって流れる電流を**順方向電流**，このような向きの印加電圧を**順方向電圧**という．

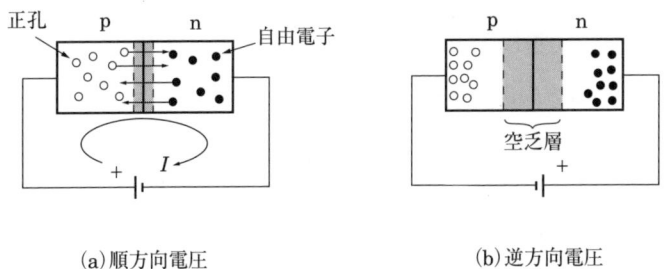

(a)順方向電圧　　　　　　　　(b)逆方向電圧

図1.6　ダイオードに電圧を加える

一方,図1.6(b)に示す向きに電圧を加えると,p形,n形半導体の多数キャリアは,それぞれの電極方向に引きつけられるために,pn接合部の空乏層が広がり,電流は流れない.このような印加電圧の向きを**逆方向電圧**という.

図1.7に,ダイオードの電圧−電流特性の例を示す.順方向電圧の値を0Vから徐々に上げていった場合,およそ0.6Vを超えたころに順方向電流が流れる.0.6Vまで電流が流れないのは,空乏層を通過するのにエネルギーを要するためである.

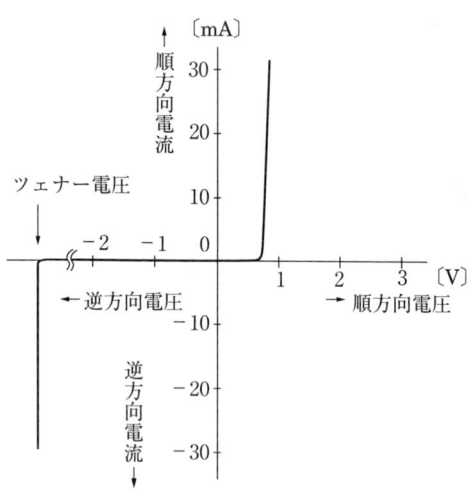

図1.7 ダイオードの電圧−電流特性

ダイオードの順方向電圧V_aと電流Iの関係は,式(1.1)に示す**整流方程式**で表される.

$$I = I_s \left\{ \exp\left(\frac{qV_a}{kT}\right) - 1 \right\} \quad \cdots\cdots (1.1)$$

ここで,I_sは**逆方向飽和電流**(逆方向に流れる微小電流の最大値),qは電子の電荷,kはボルツマン定数,Tは絶対温度を示す.

また,逆方向電圧の値を増加していった場合,ある電圧まではダイオードに電流は流れない(実際には,微小電流が流れる).しかし,印加電圧をさらに上げていくと,ある電圧で急激に逆方向電流が流れる.これは,**ツェナー現象**と呼ばれ,このときの電圧を**ツェナー電圧**という.ツェナー現象は,広い電流範囲にわ

たって一定の電圧を得られるために，定電圧を得る目的などに使用されている（137ページ参照）．

ダイオードが順方向にだけ電流を流す性質を利用すると，図1.8に示すように，交流を**整流**することができる（132ページ参照）．

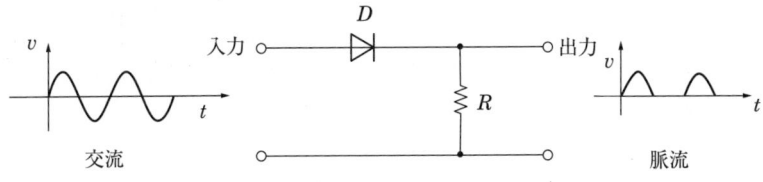

図1.8 ダイオードの整流作用

1.3 トランジスタ

トランジスタは，p形，n形半導体を3層に接合した電子デバイスであり，接合のしかたによって，図1.9に示すように**npn形**と**pnp形**に大別される．

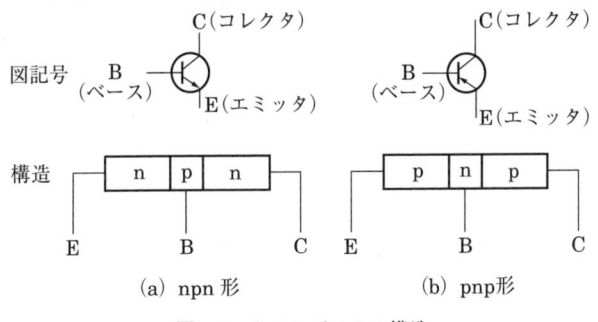

(a) npn形　　(b) pnp形
図1.9 トランジスタの構造

図1.10に，npn形トランジスタに電圧を加えた例を示す．ベース–エミッタ間には，順方向電圧 V_{BE} が加わっているので，エミッタ領域の自由電子はベース領域に引きつけられる．ダイオードの場合では，引きつけられたすべての自由電子は正孔と結合して消滅するが，トランジスタではベース領域をきわめて薄くつく

っているために，大半の自由電子はベース領域を通過してコレクタ領域に到達する．さらに，これらの自由電子はコレクタに接続してある電圧V_{CE}の＋極に引きつけられ，エミッター-コレクタ間に電流I_Cが流れる．

ベース領域に取り込まれる自由電子はとても少ないので，ベース-エミッタ間に流れる電流I_B（**ベース電流**）は数十μA程度であるが，これに比べてエミッター-コレクタ間に流れる電流I_C（**コレクタ電流**）は非常に大きくなる（図1.11）．エミッタに流れる電流I_Eは，$I_E = I_B + I_C$で求められる．

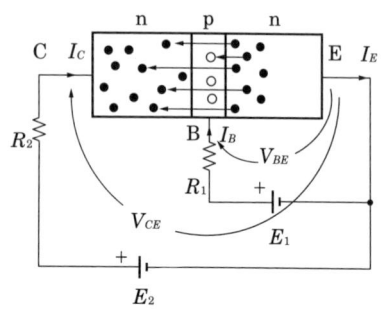

図 1.10　トランジスタの動作原理

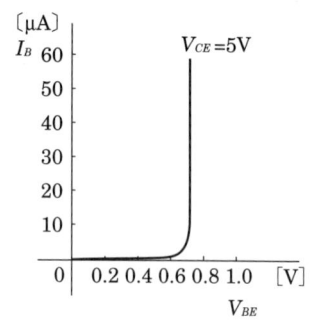

(a) V_{BE}-I_B 特性

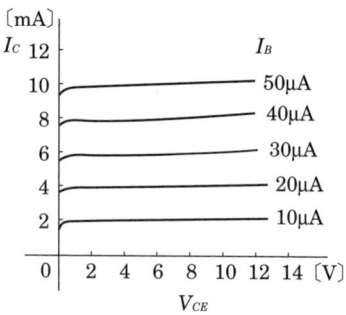

(b) V_{CE}-I_C 特性

図 1.11　トランジスタの特性（2SC1815）

図1.11(b)から，V_{CE}は，ある値以上に増加してもI_Cにはほとんど影響を与えないことがわかる．つまりV_{CE}は主として，ベース領域に達した自由電子をコレクタ領域に取り込むための電圧であると考えられる．

また，エミッタ領域から引きつけた自由電子のうち，ベース領域で消滅するものと，コレクタ領域に到達するものの割合は一定なので，I_BとI_Cは比例すると考えることができる（図1.12）．したがって，小さな値のベース電流を変化するこ

とで，大きな値のコレクタ電流を変化させることができる．これは，トランジスタの**増幅作用**の基本動作である．図1.11のように，トランジスタに直流を加えた場合の電圧と電流の関係をトランジスタの**静特性**という．

pnp形トランジスタの動作原理は，接続する電源の向きをnpn形と逆にして，多数キャリアを正孔として考えれば，これまでの説明と同様になる．

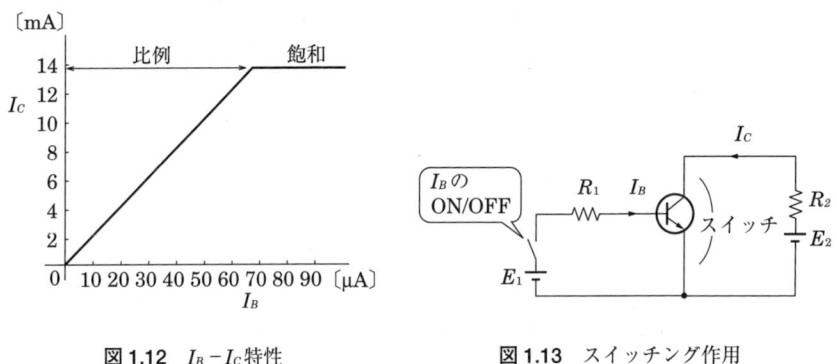

図1.12　I_B-I_C特性　　　　図1.13　スイッチング作用

トランジスタには，増幅作用のほかに，ディジタル回路などでよく使用される**スイッチング作用**がある．図1.12で，I_Bを60µAからさらに増加していくと，ある電流以上では，I_Cが飽和する．このことを利用すると，図1.13に示すように，I_Bにある値以上の電流を流した場合にだけ，I_Cが流れる．つまり，トランジスタをI_BによってON／OFFするスイッチと見立てることができる．このようなトランジスタのスイッチング作用を利用すれば，小さい電流I_Bで大きな電流I_Cの制御（ON／OFF）を行うことができる．

1.4 FET

トランジスタではベースに流す電流の変化よってコレクタ電流を制御していたが，**FET**（field effect transistor，**電界効果トランジスタ**）は，加える電圧の変化によって電流の流れを制御する．FETは，内部構造によって，**接合形**と**絶縁ゲート**（**MOS**：metal oxide semiconductor）形に大別され，さらにpチャネル

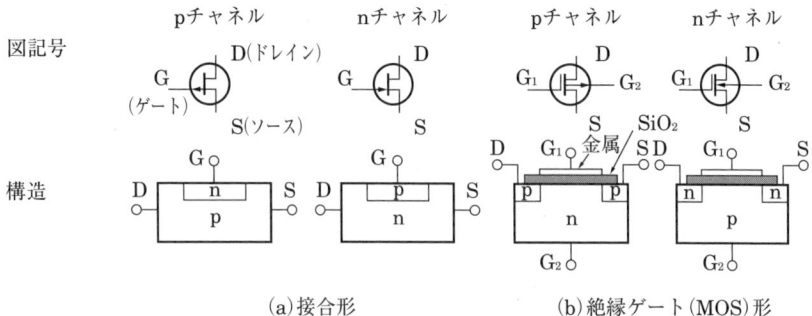

(a) 接合形   (b) 絶縁ゲート(MOS)形

図1.14 FETの構造

とnチャネルに分けられる（図1.14）．

図1.15に，接合形nチャネルFETに電圧を加えた例を示す．

ゲート-ソース間には，**逆方向電圧** V_{GS} が加わっているので，これによりpn接合面には**空乏層**を生じている．このとき，ドレイン-ソース間に流れる電流 I_D は，n形半導体中を通過するが，空乏層領域には流れない．

I_D の通路を**チャネル**と呼ぶが，空乏層領域が狭いほどチャネルは広くなるために，大きな I_D を流すことができる．一方，pn接合面の空乏層の大きさは，V_{GS} によって決まるために，結局は V_{GS} によって I_D を制御できることになる．また，V_{GS} によって流れるゲート-ソース間の電流は，ダイオードの逆方向と同様にきわめて小さいために，FETは非常に大きな入力抵抗をもつと考えることができる．

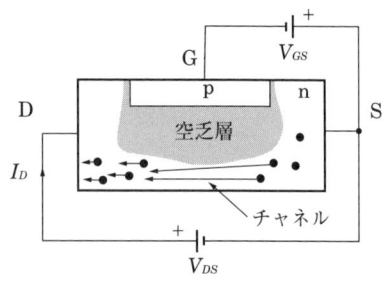

図1.15 接合形nチャネルFETの動作原理

図1.16に，接合形FETの V_{GS}-I_D と V_{DS}-I_D 特性を示す．V_{GS} を増加していくと，空乏層が広がっていき，ついにはチャネルを完全にふさいで I_D が流れなくなる．この状態を**ピンチオフ**，このときの V_{GS} の値を**ピンチオフ電圧**という．

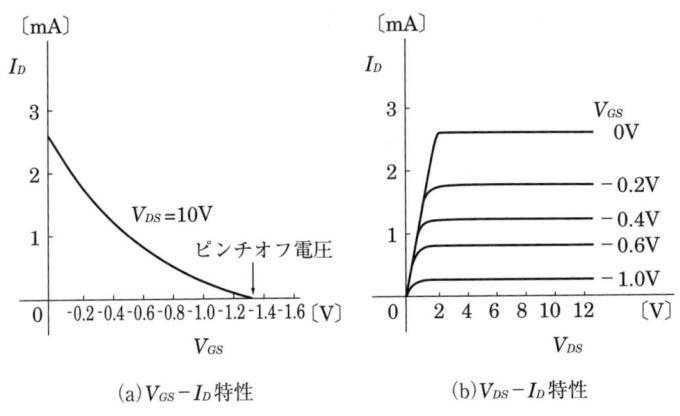

(a) $V_{GS}-I_D$ 特性　　(b) $V_{DS}-I_D$ 特性

図1.16　接合形FETの特性(2SK30A)

これまで説明したように，V_{GS}を負の領域で使用するFETを**デプレション形**という．これとは逆に，V_{GS}を正の領域で使用するFETを**エンハンスメント形**という．接合形FETについては，デプレション形のみである．

絶縁ゲート形（MOS形）FETは，酸化膜（SiO_2）を介して電極を取り付けた構造をしており，入力抵抗は接合形よりもさらに大きくなる．

FETは，トランジスタと同じように増幅作用やスイッチング作用を有する電子デバイスとして広く使用されており，トランジスタに比べて，利得が大きい，ひずみが小さい，雑音が少ないなどの特徴がある．FET増幅回路については，第5章で詳しく学ぶ．

また，トランジスタは，ベース領域（p形半導体）内で，**少数キャリア**である自由電子と**多数キャリア**である正孔の相互作用によってコレクタ電流を制御しているのに対し，FETでは単一の多数キャリアのみでドレイン電流を制御している．このことから，トランジスタを**バイポーラトランジスタ**，FETを**ユニポーラトランジスタ**とも呼ぶ．

●演習問題1●

[1] 次の表1.1の空欄を埋めなさい．

表1.1

半導体	多数キャリア	少数キャリア
p形		
n形		

[2] 不純物半導体は，真性半導体よりも電流を流しやすい．この理由を説明しなさい．

[3] 次に示す回路において，V_DとV_Rの値はいくらになるか答えなさい．

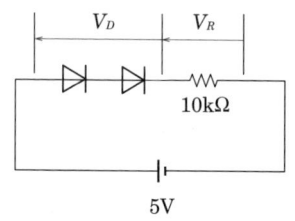

図1.17

[4] ダイオードに順方向電圧を加えた場合の順方向電流を計算しなさい．ただし，逆方向飽和電流$I_S = 1\mu A$，電子の電荷$q = 1.6 \times 10^{-19}$C，ボルツマン定数$k = 1.38 \times 10^{-23}$J/K，絶対温度$T = 300$Kとする．

表1.2

順方向電圧V_a〔V〕	順方向電流I〔mA〕
0.05	
0.10	
0.15	
0.20	
0.25	
0.30	

[5] ダイオードのツェナー現象について説明しなさい．

[6] トランジスタでは，コレクタ-エミッタ間の電圧を変化しても，コレクタ電流にあまり影響しない理由を説明しなさい．

[7] トランジスタのベース電流とコレクタ電流の関係を説明しなさい．

[8] 接合形FETのゲート-ソース間電圧の働きについて説明しなさい．

[9] 接合形FETのピンチオフ電圧について説明しなさい．

[10] FETが，ユニポーラトランジスタと呼ばれる理由について説明しなさい．

第2章 トランジスタ増幅回路

トランジスタを用いると，ベース電流の小さな変化を，コレクタ電流の大きな変化として取り出すことができる．この章では，小さい振幅の信号を増幅するトランジスタ回路について学ぼう．

2.1 増幅回路の基礎

図2.1に，**エミッタ接地増幅回路**と呼ばれる基本的なトランジスタ増幅回路を示す．

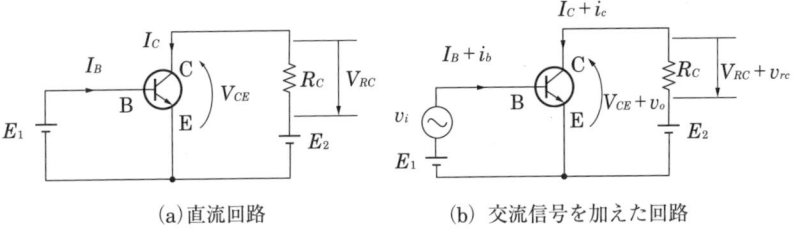

(a) 直流回路　　　　　　(b) 交流信号を加えた回路

図 2.1　基本的な増幅回路

図2.1(a)において，負荷抵抗R_Cにかかる電圧V_{RC}とコレクタ－エミッタ間の電圧V_{CE}は式(2.1)，(2.2)で表される．

$$V_{RC} = I_C \times R_C \quad \cdots\cdots\cdots\cdots\cdots\cdots\cdots\cdots\cdots\cdots\cdots\cdots\cdots\cdots\cdots\cdots(2.1)$$

$$V_{CE} = E_2 - V_{RC} = E_2 - I_C \times R_C \quad \cdots\cdots\cdots\cdots\cdots\cdots\cdots\cdots(2.2)$$

また，図2.1(b)は，交流電圧v_iを加えた回路であり，交流分を英小文字で表現

すれば，式(2.3)が成立する．

$$V_{CE} + v_o = E_2 - (I_C + i_c) \times R_C \quad \cdots\cdots(2.3)$$

さらに，式(2.2)と式(2.3)から，式(2.4)が導かれる．

$$v_o = - i_c \times R_C \quad \cdots\cdots(2.4)$$

式(2.4)は，抵抗R_Cの値を大きく設定することで，交流の出力電圧v_oを入力電圧v_iよりも大きな値として取り出せることを示している．

このように，トランジスタを用いると**電流増幅**のみならず，**電圧増幅**を行うことが可能である．また，図2.1で使用した2個の電源E_1とE_2を合わせて，**バイアス**という．

2.2 増幅回路の動特性

図2.1(b)のように増幅回路に入力電圧v_iを加えた場合，電圧と電流の関係を**動特性**という．ここでは，動特性について考えよう．

式(2.2)を変形して式(2.5)を得る．

$$I_C = \frac{E_2 - V_{CE}}{R_C} \quad \cdots\cdots(2.5)$$

式(2.5)より，I_Cの最大値は$V_{CE} = 0$のときE_2 / R_C，最小値は$V_{CE} = E_2$のとき0であることがわかる．

これを，$V_{CE} - I_C$特性のグラフに記入すると，図2.2に示すような**負荷線**（直流負荷線）が得られる．図2.2は，$E_2 = 9V$，$R_C = 1k\Omega$の例を示している．入力電圧v_iの変化によって，I_CとV_{CE}は負荷線上を移動するため，負荷線の中点を**動作点p**とする．これは，v_iの振幅が0の点に対応する．すると，動作点pでは$V_{CE} = 4.5V$，$I_C = 4.5mA$，$I_B = 20\mu A$となる．

図2.3に，V_{BE}を0.65Vを中心として±10mV変化させた場合の各波形の様子を示す．ただし，動作点pは，図2.2と同じに設定したとする．

図2.3(a)から，v_iを±10mV変化させたとき，i_bは20μAを中心として±5μA変化する．このi_bの変化を図2.3(b)に当てはめると，i_cの変化は±1mA，v_oの変

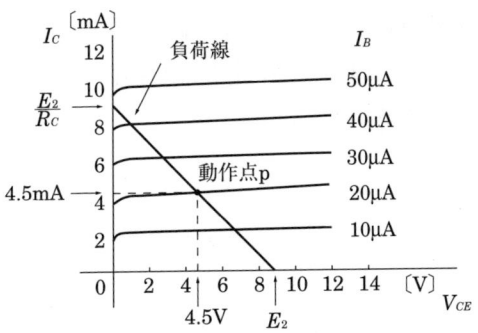

図 2.2　負荷線と動作点

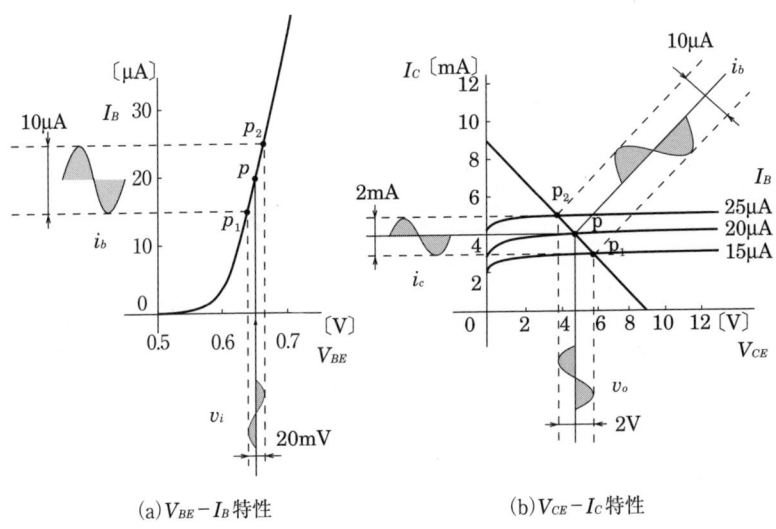

(a) $V_{BE}-I_B$ 特性　　　(b) $V_{CE}-I_C$ 特性

図 2.3　各波形の様子

化は ±1V となる．したがって，電流の ±5μA (i_b) の変化を ±1mA (i_C) の変化として取り出せるのである．電圧については，±10mV (v_i) の変化を ±1V (v_o) の変化として取り出すことができる．ただし，v_i と v_o は，位相が反転していることに注意する必要がある．

このときの，バイアス電圧は，$E_1 = 0.65V$，$E_2 = 9V$となる．

一方，例えば，動作点pを図2.4に示す位置に設定した場合，入力電流i_bは負荷線上に収まらないため，コレクタ電流i_cと出力電圧v_oの波形はひずんでしまう．このように，**動作点の設定**には注意が必要である．

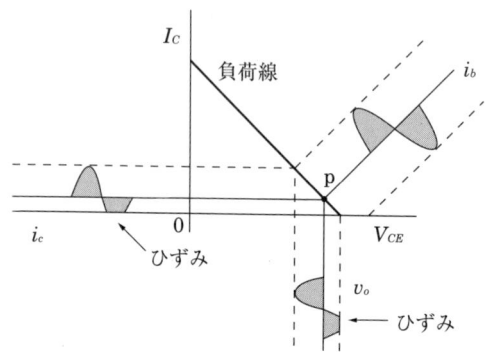

図2.4　不適切な動作点の設定

2.3 hパラメータ

トランジスタは，図2.5の■■部に示すように，特性曲線のある一部の領域内で動作させるのが一般的である．この場合には，領域内の特性曲線を直線とみなすことができる．したがって，特性曲線のすべてを知らなくても直線の傾きがわかればトランジスタの動作特性を考えることができる．

このための定数を**h パラメータ**と呼び，表2.1に示す4種類を考える．

表2.1　hパラメータ（$V_{CE} = 5V$，$I_C = 2mA$の場合）

記号	名　称	値(2SC1815)
h_{ie}	入力インピーダンス	$2.2k\Omega$
h_{re}	電圧帰還率	5×10^{-5}
h_{fe}	電流増幅率	160
h_{oe}	出力アドミタンス	$9\mu S$

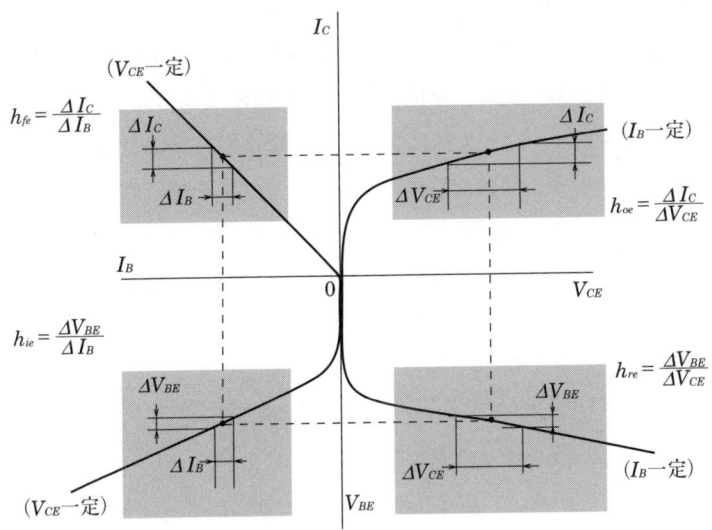

図 2.5 各領域での直線の傾き

① 入力インピーダンス h_{ie}

$V_{BE} - I_B$ 特性の傾き h_{ie} は，トランジスタの出力をショートした場合の入力インピーダンスを示す定数であり，単位はオーム（Ω）である．

② 電圧帰還率 h_{re}

$V_{CE} - V_{BE}$ 特性の傾き h_{re} は，**電圧帰還率**と呼ばれる定数であり，単位は使用しない．

③ 電流増幅率 h_{fe}

$I_B - I_C$ 特性の傾き h_{fe} は，トランジスタの電流増幅率を示す定数であり，単位は使用しない．

また，図 2.6 に示すように，任意の 1 点におけるコレクタ電流 I_C とベース電流 I_B の比は，**直流電流増幅率 h_{FE}** と呼ばれ，h_{fe} とは区別して扱う．

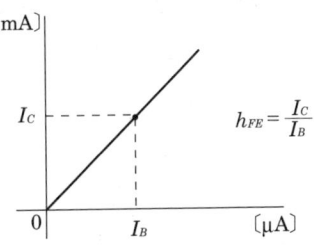

図 2.6 直流電流増幅率 h_{FE}

④ **出力アドミタンス h_{oe}**

$V_{CE} - I_C$ 特性の傾き h_{oe} は，トランジスタの入力をオープンにした場合の出力アドミタンスを示す定数であり，単位はジーメンス(S)である．

h パラメータの値は，動作条件により大きく変化する．このため，トランジスタメーカのデータシートでは，数値ではなく，グラフを使って表示をしている場合が多い．また，h_{re} と h_{oe} の測定は，入力端子をオープンにした状態で行うため，使用する周波数が高いほど分布容量の影響が大きくなり，測定が困難である．したがって，h パラメータは，低周波領域での用途に用いられる．

また，図2.7に示すように，トランジスタのエミッタをオープンにした状態で，コレクタ–ベース間に逆電圧を加えたとき，コレクタに流れる電流をコレクタ遮断電流（I_{CBO}）という．I_{CBO} は，ダイオードの逆方向電流に相当する電流であり，温度によって大きく変化する．例えば，Si を用いたトランジスタでは，温度がおよそ10℃上昇するごとに，I_{CBO} の値は2倍になる．順方向のコレクタ電流は，I_{CBO} の値に依存する（式(1.1)整流方程式参照）から，トランジスタを安定に動作させるためには，I_{CBO} の小さいことが要求される．

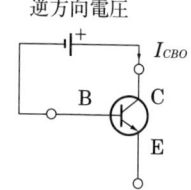

図2.7　コレクタ遮断電流

2.4 増幅度の計算

入力信号と出力信号の大きさの比を**増幅度**という．増幅回路を図2.8に示すような**四端子回路**で表すと，**電圧増幅度** A_v，**電流増幅度** A_i，**電力増幅度** A_p は，式(2.6)～(2.8)のようになる．

$$A_v = \left|\frac{v_o}{v_i}\right| \quad \cdots\cdots\cdots(2.6)$$

$$A_i = \left|\frac{i_o}{i_i}\right| \quad \cdots\cdots\cdots(2.7)$$

$$A_p = \left|\frac{P_o}{P_i}\right| = A_v \times A_i \quad \cdots(2.8)$$

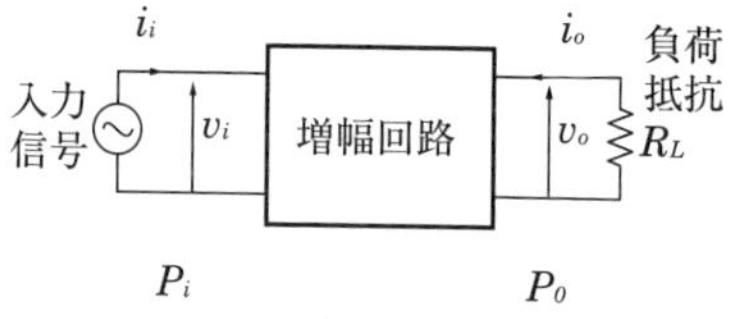

図2.8　四端子回路

各増幅度をデシベル〔dB〕の単位を用いて表したものを**利得**といい，**電圧利得**G_v，**電流利得**G_i，**電力利得**G_pは，式(2.9)〜(2.11)で表される．

$$G_v = 20\log_{10}A_v \ \text{〔dB〕} \quad \cdots\cdots\cdots\cdots\cdots\cdots\cdots\cdots\cdots\cdots\cdots\cdots(2.9)$$

$$G_i = 20\log_{10}A_i \ \text{〔dB〕} \quad \cdots\cdots\cdots\cdots\cdots\cdots\cdots\cdots\cdots\cdots\cdots(2.10)$$

$$G_p = 10\log_{10}A_p \ \text{〔dB〕} \quad \cdots\cdots\cdots\cdots\cdots\cdots\cdots\cdots\cdots\cdots\cdots(2.11)$$

n個の増幅回路を縦続（**カスケード**）接続した場合の全体の増幅度Aと利得Gは式(2.12)〜(2.13)のようになる．

$$A = A_1 \times A_2 \times A_3 \times \cdots \times A_n \quad \cdots\cdots\cdots\cdots\cdots\cdots\cdots\cdots(2.12)$$

$$G = G_1 + G_2 + G_3 + \cdots + G_n \ \text{〔dB〕} \quad \cdots\cdots\cdots\cdots\cdots(2.13)$$

増幅度は，hパラメータh_{ie}とh_{fe}を用いて求めることもできる．図2.9は，エミッタ接地増幅回路における電流と電圧の変化量を記号で示している．

$$h_{ie} = \frac{v_{be}}{i_b} \text{より} \quad i_b = \frac{v_{be}}{h_{ie}} \quad \cdots\cdots\cdots(2.14)$$

$$h_{fe} = \frac{i_c}{i_b} \text{より} \quad i_c = h_{fe} \times i_b \quad \cdots\cdots\cdots(2.15)$$

$$v_{ce} = -i_c \times R_L \quad \cdots\cdots\cdots\cdots\cdots\cdots\cdots(2.16)$$

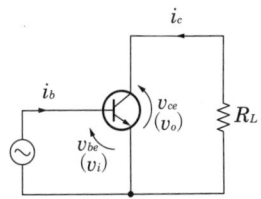

式(2.15)に式(2.14)を代入する．

$$i_c = h_{fe} \times \frac{v_{be}}{h_{ie}} \quad \cdots\cdots\cdots\cdots\cdots\cdots\cdots(2.17)$$

図2.9 電流と電圧の変化量

式(2.16)に式(2.17)を代入する．

$$v_{ce} = -h_{fe} \times \frac{v_{be}}{h_{ie}} \times R_L \quad \cdots\cdots\cdots\cdots\cdots\cdots\cdots\cdots\cdots\cdots\cdots(2.18)$$

したがって，電圧増幅度A_vをh_{ie}とh_{fe}を使って表すと式(2.19)のようになる．

$$A_v = \left|\frac{v_o}{v_i}\right| = \left|\frac{v_{ce}}{v_{be}}\right| = \left|\frac{-h_{fe}}{h_{ie}} \times R_L\right| \quad \cdots\cdots\cdots\cdots\cdots\cdots\cdots\cdots(2.19)$$

例えば，$h_{ie} = 2.2\text{k}\Omega$，$h_{fe} = 160$，$R_L = 1\text{k}\Omega$の場合なら，$A_v$はおよそ72.7となる．

2.5 各種の接地回路

これまでは，エミッタ接地を基本にしてトランジスタ増幅回路を説明してきた．増幅回路には，このほかにも**ベース接地**や**コレクタ接地**の方式がある．図2.10

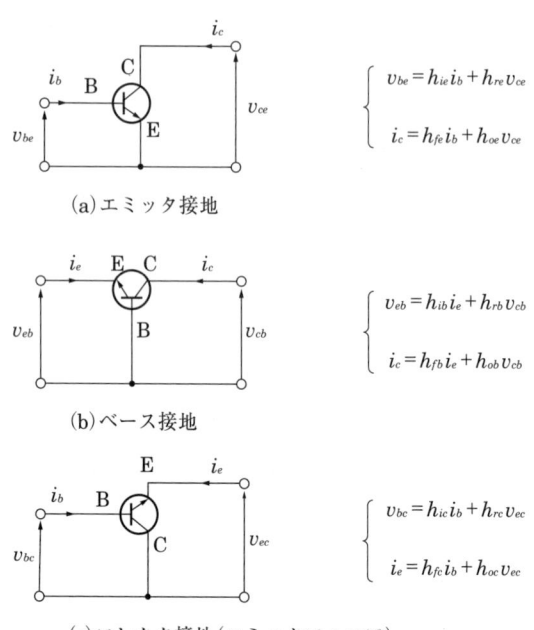

図 2.10　トランジスタの接地方式

に各接地方式の回路とhパラメータの式を示す．なお，コレクタ接地は，**エミッタフォロア**と呼ばれることもある（67ページ参照）．

hパラメータは，各接地方式で相互変換することができる．ベース接地のhパラメータをエミッタ接地のhパラメータを使って表してみよう．

エミッタ接地とベース接地における電圧と電流の関係は，式(2.20)で表される．

$$\left.\begin{aligned} v_{be} &= -v_{eb} \\ v_{ce} &= v_{be} + v_{cb} = v_{cb} - v_{eb} \\ i_b &= -(i_e + i_c) \end{aligned}\right\} \quad \cdots\cdots(2.20)$$

これを，エミッタ接地のhパラメータの式に代入する．

$$\left.\begin{aligned} -v_{eb} &= -h_{ie}(i_e + i_c) + h_{re}(v_{cb} - v_{eb}) \\ i_c &= -h_{fe}(i_e + i_c) + h_{oe}(v_{cb} - v_{eb}) \end{aligned}\right\} \quad \cdots\cdots(2.21)$$

ここで，$v_{eb} \ll v_{cb}$と考えて，式(2.22)，(2.23)を得る．

$$v_{eb} = h_{ie}(i_e + i_c) - h_{re}v_{cb} \quad \cdots\cdots(2.22)$$

$$i_c = -h_{fe}(i_e + i_c) + h_{oe}v_{cb} \quad \cdots\cdots(2.23)$$

式(2.23)を変形した式(2.24)を式(2.22)に代入する．

$$i_c = -\frac{h_{fe}}{1+h_{fe}}i_e + \frac{h_{oe}}{1+h_{fe}}v_{cb} \quad \cdots\cdots(2.24)$$

$$v_{eb} = \frac{h_{ie}}{1+h_{fe}}i_e + \left(\frac{h_{ie}h_{oe}}{1+h_{fe}} - h_{re}\right)v_{cb} \quad \cdots\cdots(2.25)$$

式(2.24)と(2.25)を，ベース接地の h パラメータの式と比較すれば，式(2.26)の関係が得られる．

$$\left.\begin{aligned} h_{ib} &= \frac{h_{ie}}{1+h_{fe}} \\ h_{rb} &= \frac{h_{ie}h_{oe}}{1+h_{fe}} - h_{re} \\ h_{fb} &= -\frac{h_{fe}}{1+h_{fe}} \\ h_{ob} &= \frac{h_{oe}}{1+h_{fe}} \end{aligned}\right\} \quad \cdots\cdots(2.26)$$

式(2.26)の h_{ib} と h_{ob} からベース接地回路では，入力インピーダンスは低く，出力インピーダンスは高いことがわかる（表2.1参照）．表2.2に，各接地方式の入出力インピーダンスの関係を示す．

表2.2 接地方式と入出力インピーダンス

接地方式	入力インピーダンス	出力インピーダンス
エミッタ	高い	高い
ベース	低い	高い
コレクタ	高い	低い

また，ベース接地回路において，エミッタ電流とコレクタ電流の比は，**ベース接地電流増幅率**（α）といい，1に近い（およそ0.980～0.995）値をとる．そして，エミッタ接地回路における，ベース電流とコレクタ電流の比は，**エミッタ接地電流増幅率**（β）といい，およそ50～200の値をとる．βは，h_{FE}と等しくなり，αとは式(2.27)に示す関係がある．

$$\beta = \frac{\alpha}{1-\alpha} \quad \cdots\cdots(2.27)$$

また，式(2.27)を変形すると，式(2.28)が得られる．

$$\alpha = \frac{\beta}{1+\beta} \quad \cdots\cdots(2.28)$$

●演習問題2●

[1] 図2.11(a)に示す回路の動作点での I_C と V_{CE} を作図により求めなさい．ただし，V_{BE}-I_B 特性と V_{CE}-I_C 特性は，図2.11(b)，(c)に示すものとする．

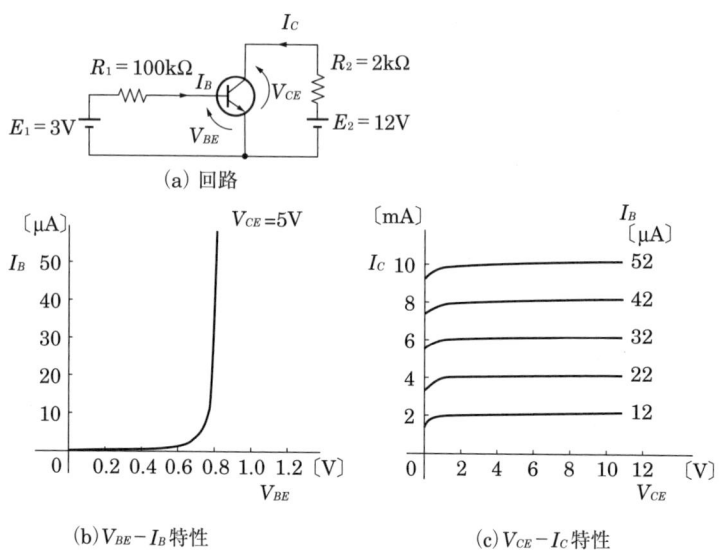

図 2.11　回路と特性

[2] 問題1の動作点における，直流電流増幅率 h_{FE} を計算しなさい．
[3] トランジスタのコレクタ遮断電流は，小さいことが好ましい理由を説明しなさい．
[4] $h_{ie}=2.5\text{k}\Omega$，$h_{fe}=180$，$R_L=2\text{k}\Omega$ の場合の回路の電圧増幅度 A_v と電圧利得 G_v を計算しなさい．
[5] コレクタ接地（エミッタフォロア）の h パラメータを，エミッタ接地の h パラメータを使って表しなさい．ただし，h_{re} と h_{oe} は非常に小さい値（ゼロ）とみなせるものとする．
[6] h_{FE} が180のトランジスタのベース接地電流増幅率 α を計算しなさい．

第3章
バイアス回路

増幅回路の動作点は，バイアス回路によって決定される．バイアス回路が不安定であると，動作点が変動し出力波形がひずむ，雑音が増加するなど，目的の出力が得られなくなってしまう．また，場合によっては，トランジスタを破壊してしまうことさえある．この章では，適切なバイアス回路の構成法について学ぼう．

3.1 バイアス回路の安定度

トランジスタは，温度変化による影響を受けやすい性質をもっており，**温度変化**により**動作点**が移動してしまう．図3.1に，温度変化による動作点の移動例を示す．

特に，トランジスタの**ベース–エミッタ間電圧** V_{BE} と**直流電流増幅率** h_{FE} は，温度変化によって大きく変動する．

① ベース–エミッタ間電圧 V_{BE}

図3.2に示すように，V_{BE} は，温度が上昇するにつれて減少する．

② 直流電流増幅率 h_{FE}

図3.3に示すように，h_{FE} は，温度が上昇するにつれて増加する．

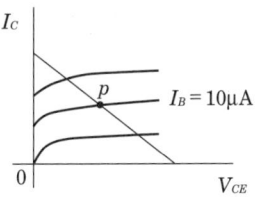

(a) 標準温

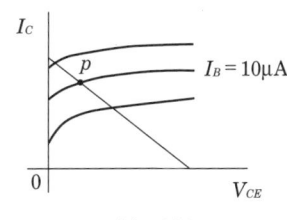

(b) 高温

図 3.1 温度変化による動作点の移動

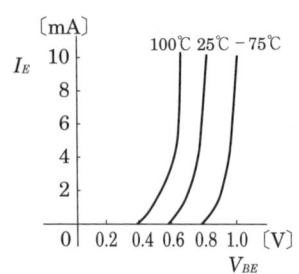

図 3.2　$V_{BE}-I_E$ の温度特性 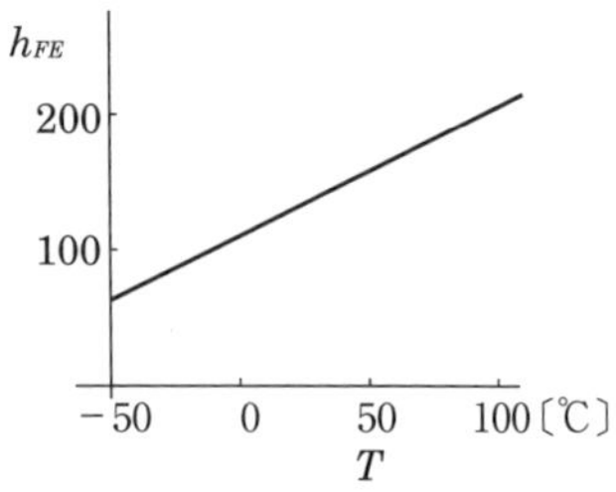　　　図 3.3　h_{FE} の温度特性

さらに，コレクタ遮断電流 I_{CBO} も，温度変化に大きく依存することは，第2章で説明したとおりである．

温度上昇に伴って，流れる電流が増加していくと，増加した電流の流れによってさらにトランジスタの温度が上昇していく悪循環が生じる．これは**熱暴走**と呼ばれ，最大定格を超えるとトランジスタを破壊してしまうことになる．

また，同じ規格のトランジスタであっても，製造過程で特性にばらつきが出ることは避けられないが，h_{FE} は特に大きなばらつきをもつ性質がある．

例えば，2SC1815をT社のデータシートで調べてみると，h_{FE} の範囲によって，O（オレンジ），Y（黄），GR（緑），BL（青）に4分類されており，各類の最小値と最大値には2倍のばらつきがある（表3.1）．

表 3.1　トランジスタの h_{FE} 値のばらつき例

分類記号	O	Y	GR	BL
h_{FE}	70〜140	120〜240	200〜400	350〜700

したがって，増幅回路では，温度変化や h_{FE} のばらつきなどによる影響を受けにくい安定したバイアス回路を構成することが重要となる．

3.2 各種のバイアス回路

第2章で学んだエミッタ接地増幅回路では，E_1 と E_2 の2個の電源を使用してバイアス回路を構成していた（図3.4）．しかし，これでは不便なので，実際には

電源を1個にした回路が多用されている．主なバイアス回路には，**固定バイアス回路**，**自己バイアス回路**，**電流帰還バイアス回路**などがある．

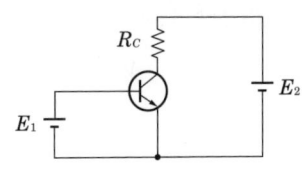

図3.4　2個の電源を用いた回路

(1) 固定バイアス回路

図3.5に，固定バイアス回路を示す．この方式では，**バイアス抵抗R_B**によって電源V_{CC}からベース電流I_Bを取り出す．

R_Bの両端の電圧は，$V_{CC}-V_{BE}$であることから，R_Bの値は，式(3.1)で計算できる．

$$R_B = \frac{V_{CC} - V_{BE}}{I_B} \quad \cdots\cdots\cdots\cdots(3.1)$$

また，I_BとI_Cは，それぞれ式(3.2)と(3.3)で表される．

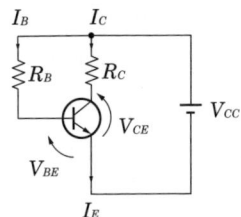

図3.5　固定バイアス回路

$$I_B = \frac{V_{CC} - V_{BE}}{R_B} \quad \cdots\cdots\cdots\cdots\cdots\cdots\cdots\cdots\cdots\cdots(3.2)$$

$$I_C = h_{FE}I_B = \frac{h_{FE}(V_{CC} - V_{BE})}{R_B} \quad \cdots\cdots\cdots\cdots\cdots\cdots\cdots(3.3)$$

V_{BE}の値は，**Ge**トランジスタでおよそ0.2V，**Si**トランジスタで0.6V程度であるから，式(3.2)と(3.3)において$V_{BE} \ll V_{CC}$とすれば，V_{BE}の変化によるI_BとI_Cの変動はほとんどないと考えることができる．しかし，式(3.3)から，h_{FE}の変化が，I_Cに与える影響は大きいことがわかる．すなわち，h_{FE}が大きくなるのに伴ってI_Cも増加してしまうのである．

● 例題3.1 ─────────────

図3.5に示す固定バイアス回路において，$V_{CC} = 9$Vとして，I_Cを2mA流したい．バイアス抵抗R_Bの値はいくらにすればよいか．ただし，トランジスタの$h_{FE} = 200$，$V_{BE} = 0.6$Vとする．また，このときのI_Bはいくらになるか．

《解答》　式(3.3)より，

$$R_B = \frac{h_{FE}(V_{CC} - V_{BE})}{I_C} = \frac{200(9 - 0.6)}{2 \times 10^{-3}} = 840\text{k}\Omega$$

3.2 各種のバイアス回路　23

式(3.2)より,

$$I_B = \frac{V_{CC} - V_{BE}}{R_B} = \frac{9 - 0.6}{840 \times 10^3} = 10\mu A$$

(2) 自己バイアス回路

図3.6に，**自己バイアス回路**を示す．この方式では，コレクタ端子からバイアス抵抗R_Bによってベース電流I_Bを取り出す．

R_Bの両端の電圧は，$V_{CE} - V_{BE}$であることから，R_Bの値は，式(3.4)で計算できる．

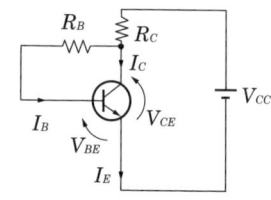

図3.6 自己バイアス回路

$$R_B = \frac{V_{CE} - V_{BE}}{I_B} \quad \cdots\cdots\cdots\cdots\cdots\cdots(3.4)$$

V_{CE}は，式(3.5)で表されるが，ここで，$I_B \ll I_C$とすると，式(3.6)が成立する．

$$V_{CE} = V_{CC} - (I_B + I_C)R_C \quad \cdots\cdots\cdots\cdots\cdots\cdots(3.5)$$
$$V_{CE} = V_{CC} - I_C R_C \quad \cdots\cdots\cdots\cdots\cdots\cdots(3.6)$$

式(3.6)を式(3.4)に代入して整理すると，式(3.7)が得られる．

$$I_B = \frac{V_{CE} - V_{BE}}{R_B} = \frac{(V_{CC} - I_C R_C) - V_{BE}}{R_B} \quad \cdots\cdots\cdots\cdots\cdots\cdots(3.7)$$

ここで，温度が上昇するなどの理由によりI_Cが増加しようとした場合について考えよう．I_Cが増加すると，V_{CE}は減少する（式(3.6)）．すると，V_{CE}から供給していたI_Bが減少し（式(3.7)），I_Cも減少する（$I_C = h_{FE}I_B$）ことになる．

つまり，自己バイアス回路では，I_Cの増加を抑制するような働きがある．このような働きを**負帰還**という．したがって，固定バイアス回路よりは，安定度がよくなる．

安定度をよりよくするためには，R_Cを大きくする必要があるが，R_Cは負荷抵抗なので，最大値には限界がある．また，トランス（変成器）などのように内部抵抗の小さな負荷を接続している場合には，安定度の改善はできない．

自己バイアス回路は，**電圧帰還バイアス回路**と呼ばれることもある．

● 例題 3.2 ─────────────

図 3.6 に示す自己バイアス回路において，$V_{CC} = 9\text{V}$，$R_C = 3\text{k}\Omega$ として，I_C を 2mA 流したい．バイアス抵抗 R_B の値はいくらにすればよいか．ただし，トランジスタの $h_{FE} = 160$，$V_{BE} = 0.6\text{V}$ とする．また，このときの I_B はいくらになるか．

《解答》 $I_B = \dfrac{I_C}{h_{FE}} = \dfrac{2 \times 10^{-3}}{160} = 12.5\mu\text{A}$

式(3.7) より，

$$R_B = \dfrac{(V_{CC} - I_C R_C) - V_{BE}}{I_B} = \dfrac{(9 - 2 \times 10^{-3} \times 3 \times 10^3) - 0.6}{12.5 \times 10^{-6}} = 192\text{k}\Omega$$

(3) 電流帰還バイアス回路

図 3.7 に，**電流帰還バイアス回路**を示す．この方式では，抵抗 R_A と R_B によって V_{CC} を分圧している．ここで，R_A，R_B を**ブリーダ抵抗**，R_E を**安定抵抗**，I_A を**ブリーダ電流**という．この回路では，ブリーダ電流 I_A をベース電流 I_B よりも十分大きい値（10～50倍程度）となるように設定する．すると，V_B は式(3.8)で表すような一定値となる．

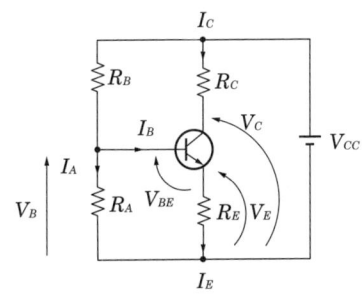

図 3.7　電流帰還バイアス回路

$$V_B = \dfrac{R_A}{R_A + R_B} V_{CC} \quad \cdots\cdots(3.8)$$

この状態で，温度上昇などの原因から I_C が増加しようとすると，R_E での電圧降下すなわち V_E が増加し（式(3.9)），V_{BE} は減少する（式(3.10)）．

$$V_E = I_E \cdot R_E = (I_B + I_C) R_E \quad \cdots\cdots(3.9)$$

$$V_{BE} = V_B - V_E \quad \cdots\cdots(3.10)$$

したがって，I_B が減少して，I_C の増加を抑制するのである．

この回路では，安定抵抗 R_E を大きくするほど安定度はよくなるが，R_E をあま

り大きくすると出力電圧が小さくなってしまう．通常は，V_E が電源電圧 V_{CC} の10～20％程度の値になるように R_E を決めている．電流帰還バイアス回路は，安定度がよいために，最も広く採用されているが，ブリーダ電流を流すために，消費電力が多いのが欠点である．

● 例題 3.3 ─────────

図 3.7 に示す電流帰還バイアス回路において，$V_{CC} = 9\text{V}$ として，I_C を 2mA 流したい．安定抵抗 R_E，ブリーダ抵抗 R_A，R_B の値はいくらにすればよいか．ただし，$I_A = 30 I_B$，$V_E = 0.2 V_{CC}$，トランジスタの $h_{FE} = 200$，$V_{BE} = 0.6\text{V}$ とする．また，このときの I_B はいくらになるか．

《解答》 $I_E \fallingdotseq I_C$ とすると，

$$R_E = \frac{V_E}{I_E} = \frac{1.8}{2 \times 10^{-3}} = 900\Omega$$

$$I_B = \frac{I_C}{h_{FE}} = \frac{2 \times 10^{-3}}{200} = 10\mu\text{A}$$

$$V_B = V_{BE} + V_E = 0.6 + 1.8 = 2.4\text{V}$$

$$R_A = \frac{V_B}{I_A} = \frac{2.4}{10 \times 10^{-6} \times 30} = 8\text{k}\Omega$$

$$R_B = \frac{V_{CC} - V_B}{I_A + I_B} = \frac{9 - 2.4}{(10 \times 10^{-6} \times 30) + 10 \times 10^{-6}} = 21.3\text{k}\Omega$$

電流帰還バイアス回路を使って交流信号を増幅する場合には，図 3.8 に示すように，入出力端子にコンデンサ C_1, C_2 を，安定抵抗 R_E と並列にコンデンサ C_E を挿入する．C_1, C_2 は，**結合コンデンサ**または，**カップリングコンデンサ**と呼ばれ，入力と出力から直流信号を遮断し交流信号だけを取り出す働きをする．また，C_E は**バイパスコンデンサ**と呼ばれ，交流信号に対して R_E をショートしてエミッタ接地回路を構成する働きがある．

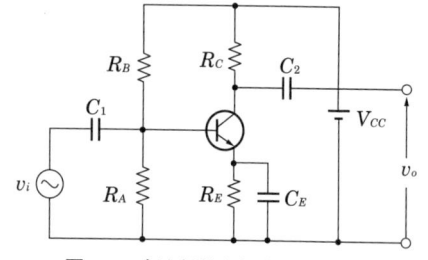

図 3.8 交流信号を加えた増幅回路

3.3 安定度を表す指数

バイアス回路の安定度は，I_{CBO}，V_{BE}，h_{FE}の影響を受けるが，これらの変動によるコレクタ電流I_Cの変化量は，式(3.11)で表される．

$$\Delta I_C = \frac{\partial I_C}{\partial I_{CBO}} \Delta I_{CBO} + \frac{\partial I_C}{\partial V_{BE}} \Delta V_{BE} + \frac{\partial I_C}{\partial h_{FE}} \Delta h_{FE} \quad \cdots\cdots\cdots\cdots(3.11)$$

この式で，

$$S_I = \frac{\partial I_C}{\partial I_{CBO}}, \quad S_V = \frac{\partial I_C}{\partial V_{BE}}, \quad S_H = \frac{\partial I_C}{\partial h_{FE}}$$

とすると，式(3.12)が得られる．

$$\Delta I_C = S_I \Delta I_{CBO} + S_V \Delta V_{BE} + S_H \Delta h_{FE} \quad \cdots\cdots\cdots\cdots(3.12)$$

ここで，S_I，S_V，S_Hは，**安定指数**と呼ばれるもので，その値が小さいほどバイアス回路の安定度が高いことを示す．

また，式(3.12)を温度の変動ΔTについて考えると，式(3.13)のようになる．

$$\frac{\Delta I_C}{\Delta T} = S_I \frac{\Delta I_{CBO}}{\Delta T} + S_V \frac{\Delta V_{BE}}{\Delta T} + S_H \frac{\Delta h_{FE}}{\Delta T} \quad \cdots\cdots\cdots(3.13)$$

実際のトランジスタでは，温度1℃当たりの各変動値は，おおよそ次のようになる．

$$\begin{cases} \dfrac{\Delta I_{CBO}}{T} : \begin{array}{l} \text{Ge}: I_{CBO} \times 10\% \\ \text{Si}\ : I_{CBO} \times 8\% \end{array} \\[2ex] \dfrac{\Delta V_{BE}}{T} : -2.5\text{mV} \\[2ex] \dfrac{\Delta h_{FE}}{T} : h_{FE} \times 1\% \end{cases}$$

これまで，バイアス回路の計算では，コレクタ遮断電流I_{CBO}を小さい値とみなして無視してきたが，これを無視しなければ，図3.9より式(3.14)，(3.15)が成立する．

$$I_E = I_B + I_C \quad \cdots\cdots\cdots\cdots\cdots\cdots(3.14)$$

$$I_C = \alpha I_E + I_{CBO} \quad \cdots\cdots\cdots\cdots(3.15)$$

これらから式(3.16)が得られる.

$$I_C = \frac{I_{CBO}}{1-\alpha} + \frac{\alpha}{1-\alpha} I_B \quad \cdots\cdots\cdots(3.16)$$

図3.9 I_{CBO} を考えた回路

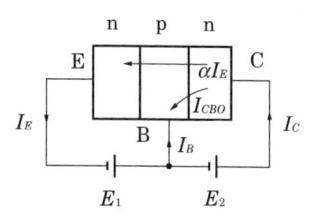

図3.5に示した,固定バイアス回路における,安定指数を計算してみよう.I_B の式(3.2)を式(3.16)に代入する.

$$I_C = \frac{I_{CBO}}{1-\alpha} + \frac{\alpha}{1-\alpha} \cdot \frac{V_{CC}-V_{BE}}{R_B} \quad \cdots\cdots\cdots\cdots\cdots\cdots\cdots\cdots(3.17)$$

式(3.17)を, I_{CBO}, V_{BE}, h_{FE} でそれぞれ偏微分すると,式(3.18)〜(3.20)が得られる.

$$S_I = \frac{1}{1-\alpha} = 1+\beta \quad \cdots\cdots\cdots\cdots\cdots\cdots\cdots\cdots\cdots\cdots\cdots\cdots(3.18)$$

$$S_V = -\frac{\alpha}{1-\alpha} \cdot \frac{1}{R_B} = -\frac{\beta}{R_B} \quad \cdots\cdots\cdots\cdots\cdots\cdots\cdots\cdots\cdots(3.19)$$

$$S_H = I_{CBO} + \frac{V_{CC}-V_{BE}}{R_B} \quad \cdots\cdots\cdots\cdots\cdots\cdots\cdots\cdots\cdots(3.20)$$

Geトランジスタは I_{CBO} の影響が大きいので S_I を,Siトランジスタは V_{BE} の影響が大きいので S_V を低く抑えるように検討するのが一般的である.また,S_I を抑えることは,同時に S_V と S_H を抑える効果があるので,安定指数といった場合には単に S_I の値を指すことが多い.

次に,図3.6に示した自己バイアス回路における,S_I と S_V を計算してみよう.$I_B \ll I_C$ という近似を使わずに,式(3.4)と式(3.5)から,I_B を計算すると,式(3.21)が得られる.

$$I_B = \frac{V_{CC}-I_C R_C-V_{BE}}{R_B+R_C} \quad \cdots\cdots\cdots\cdots\cdots\cdots\cdots\cdots\cdots(3.21)$$

式(3.21)を式(3.16)に代入して整理する.

$$I_C \left(1-\alpha + \frac{\alpha R_C}{R_B+R_C}\right) = I_{CBO} + \frac{\alpha(V_{CC}-V_{BE})}{R_B+R_C} \quad \cdots\cdots\cdots\cdots(3.22)$$

これを，I_{CBO}，V_{BE}でそれぞれ偏微分すると，式(3.23)，(3.24)が得られる．

$$S_I = \frac{1}{(1-\alpha)+\dfrac{\alpha R_C}{R_B + R_C}} \quad \cdots\cdots\cdots\cdots\cdots\cdots\cdots\cdots\cdots\cdots\cdots\cdots\cdots\cdots (3.23)$$

$$S_V = \frac{-\alpha}{(1-\alpha)R_B + R_C} \quad \cdots\cdots\cdots\cdots\cdots\cdots\cdots\cdots\cdots\cdots\cdots\cdots\cdots\cdots (3.24)$$

3.4 温度補償回路

Siトランジスタは，Geトランジスタに比べて，**温度変化**によるV_{BE}の変化量の影響がΔI_Cに大きく関与するので，これを**補償**する方法を考えてみよう．例えば，図3.10(a)に示す回路では，I_Cは式(3.25)で表される．

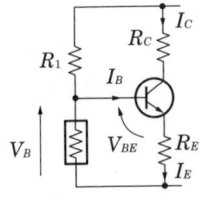

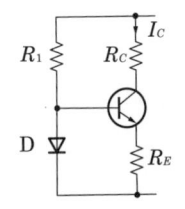

$$I_C \fallingdotseq \frac{V_B - V_{BE}}{R_E} \quad \cdots\cdots\cdots\cdots\cdots\cdots\cdots\cdots\cdots\cdots\cdots\cdots\cdots\cdots\cdots\cdots (3.25)$$

(a) サーミスタ使用 (b) バリスタダイオード使用

図 3.10　温度補償回路

この式から，温度が上昇してV_{BE}が減少すると，それに伴ってI_Cも増加してしまうことがわかる．しかし，V_{BE}の減少と同量だけV_Bを減らしてやれば，I_Cの増加を抑え，一定値に保つことができる．このためには，温度が上昇すると抵抗値が減少する性質をもった**サーミスタ**などが使用される．

また，図3.10(b)のように，**バリスタダイオード**を接続すれば，温度が変化した場合に，トランジスタのベース–エミッタ間のpn接合とバリスタダイオードの特性が同じように変化するので，V_{BE}の変化を打ち消すことができる．

● 演習問題3 ●

[1] トランジスタの熱暴走について説明しなさい．
[2] 熱によって，トランジスタ回路の I_C が変動してしまう要因になっているものを3つあげなさい．
[3] 同じ型番のトランジスタであっても，h_{FE} の値が異なる要因について説明しなさい．
[4] Si トランジスタと Ge トランジスタとでは，熱による変動を考える場合に，特に影響を及ぼす要因は異なる．このことについて説明しなさい．
[5] 図3.11に示す回路について答えなさい．
　① このバイアス回路は何と呼ばれるか．
　② I_B，I_C の値を計算しなさい．ただし，$V_{BE} = 0.6\text{V}$，$h_{FE} = 200$ とする．

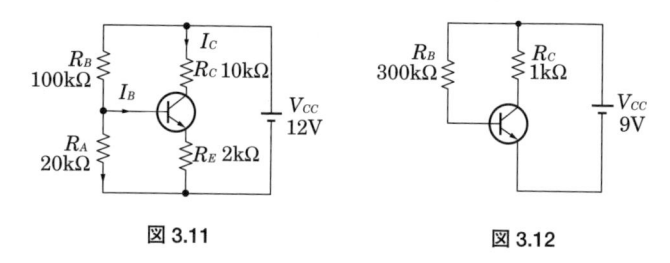

図 3.11

図 3.12

[6] 図3.12に示す回路について答えなさい．
　① このバイアス回路は何と呼ばれるか．
　② 回路の安定係数 S_I，S_V，S_H を計算しなさい．ただし，$V_{BE} = 0.6\text{V}$，$h_{FE} = 200$，$I_{CBO} = 1\mu\text{A}$ とする．
[7] 電流帰還バイアス回路について答えなさい．
　① 回路の安定度と，安定抵抗 R_E の関係について説明しなさい．
　② 安定指数 S_I と S_V を求める式を導きなさい．

第4章
等価回路

トランジスタ増幅回路は，バイアス（直流）に交流が加わって動作する．前章では，バイアス回路を学んだが，この章では交流に対する動作について学習しよう．

4.1 等価回路の考え方

バイアスを与えたトランジスタ増幅回路に，信号を加えると増幅が行われる．バイアスは直流であり，信号は電流と電圧が正と負の値をとる小信号の交流を考える．つまり増幅回路には，図4.1(a)に示すように，直流分と交流分が重なって入出力される．一方，トランジスタは電圧と電流の特性が正比例しない**非線形デバイス**であるが，小信号を考えた場合には，特性曲線を直線とみなした**線形デバイス**と考えることができる．したがって，交流分を扱った増幅回路をそれと電気的に等しい**等価回路**に置き換えることで，回路の解析が容易に行えるようになる（図4.1(b)，(c)）．

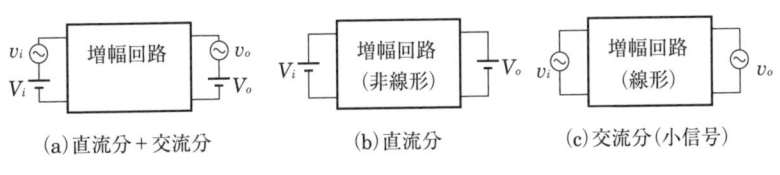

(a) 直流分＋交流分　　(b) 直流分　　(c) 交流分（小信号）

図 4.1　直流分と交流分

また，増幅回路を入力側または出力側から見た場合には，図4.2(a)に示すような2端子回路を考えて，**テブナンの定理**を適用すると図(b)の回路が得られる．さらに，図(a)の端子1-2間をショートした場合に流れる電流をI_Sとすれば，**ノートンの定理**（演習問題4-[1]参照）から図(c)の回路が得られる．これらの回路におけるZ_oは回路内の電源をショートした場合の内部インピーダンス，vは端子1-2間をオープンにしたときの電圧を表す．

ここで，図(b)の回路を電圧源，図(c)の回路を電流源と呼ぶ．

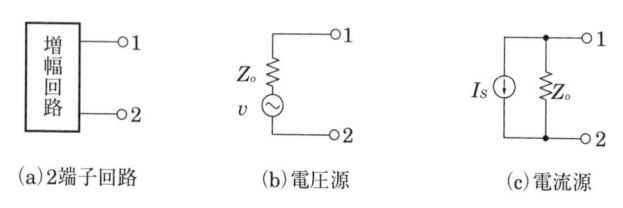

(a)2端子回路　　(b)電圧源　　(c)電流源

図4.2　電圧源と電流源

4.2　hパラメータ等価回路

トランジスタは，p形半導体とn形半導体が3層に接続された構造をしている．したがって，図4.3(a)に示すエミッタ接地増幅回路では，図(b)のような，2本のダイオードを接続した直流等価回路を考えることができる．ベースの幅は非常に薄いために抵抗値が高いので，抵抗r_bを考えている．

(a)エミッタ接地増幅回路　　(b)直流等価回路

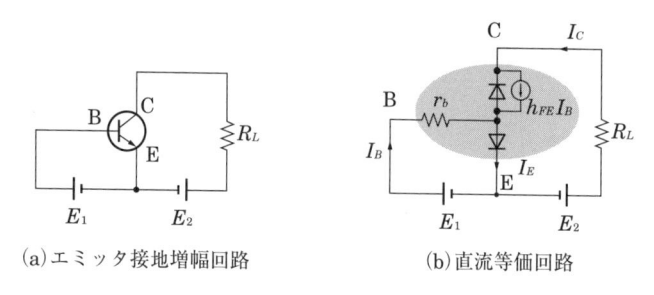

図4.3　トランジスタの直流等価回路

次に，hパラメータを用いた**交流等価回路**について考えよう．エミッタ接地のhパラメータは，式(4.1), (4.2)で表される（18ページ参照）．

$$v_{be} = h_{ie}i_b + h_{re}v_{ce} \quad\cdots\cdots\cdots\cdots\cdots\cdots\cdots\cdots\cdots\cdots\cdots\cdots\cdots(4.1)$$

$$i_c = h_{fe}i_b + h_{oe}v_{ce} \quad\cdots\cdots\cdots\cdots\cdots\cdots\cdots\cdots\cdots\cdots\cdots\cdots(4.2)$$

各パラメータの意味を，式(4.3)に示す．

$$\left.\begin{array}{l} h_{ie} = \left(\dfrac{v_{be}}{i_b}\right)_{v_{ce}=0} : 出力をショートしたときの\textbf{入力インピーダンス} \\[2mm] h_{re} = \left(\dfrac{v_{be}}{v_{ce}}\right)_{i_b=0} : 入力をオープンにしたときの\textbf{逆方向電圧帰還率} \\[2mm] h_{fe} = \left(\dfrac{i_c}{i_b}\right)_{v_{ce}=0} : 出力をショートしたときの\textbf{順方向電流増幅率} \\[2mm] h_{oe} = \left(\dfrac{i_c}{v_{ce}}\right)_{i_b=0} : 入力をオープンにしたときの\textbf{出力アドミタンス} \end{array}\right\} \cdots(4.3)$$

これらの式が成立するように回路を書けば，図4.4(a)の回路から，図(b)に示す交流等価回路が得られる．

(a) 回路　　　　　(b) hパラメータ等価回路

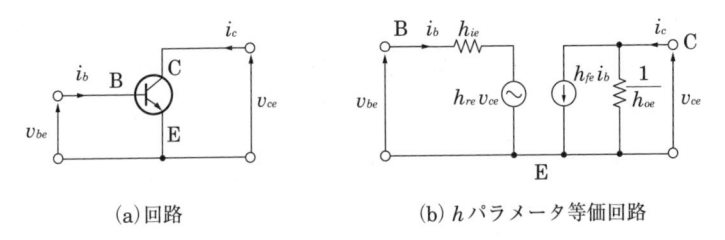

図4.4 エミッタ接地の交流等価回路

一般にh_{re}とh_{oe}は，非常に小さい値なので，これらを0と見なせば，図4.5に示す**簡易等価回路**が得られる．

次に，図4.6(a)に示す**電流帰還バイアス回路**の等価回路を考えよう．

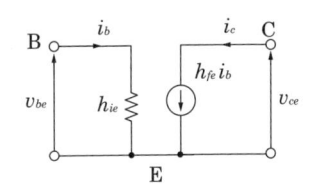

図4.5 簡易等価回路

(a) 回路   (b) 直流分を考えた回路

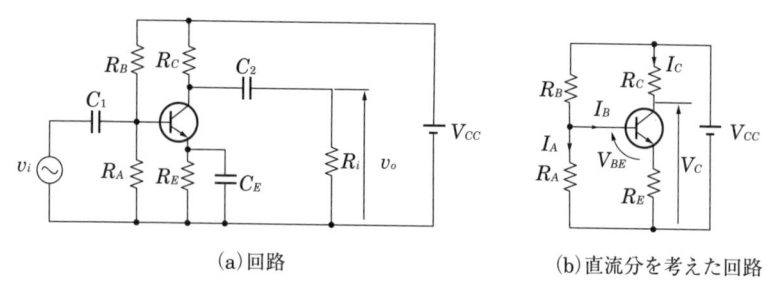

図 4.6　電流帰還バイアス回路

　ここで，R_i は負荷抵抗を示しているが，多段増幅回路においては，次段の入力インピーダンスであると考えることができる．直流分においては，各コンデンサは，オープンの状態となるため，図 4.6(b) のような回路が得られる．

　交流分においては，使用する周波数において，結合コンデンサ C_1, C_2, バイパスコンデンサ C_E のインピーダンスが十分小さい場合には，各コンデンサをショートさせた回路を考えればよい．したがって，直流電源 V_{CC} をショートして，図 4.7(a) のような回路を考える．これより，図 4.7(b) に示す簡易化した h パラメータ交流等価回路が得られる．**簡易等価回路**では，出力側の負荷抵抗は，R_c と R_i の並列合成抵抗になる．

　このような等価回路を用いれば，回路の解析が容易になる．

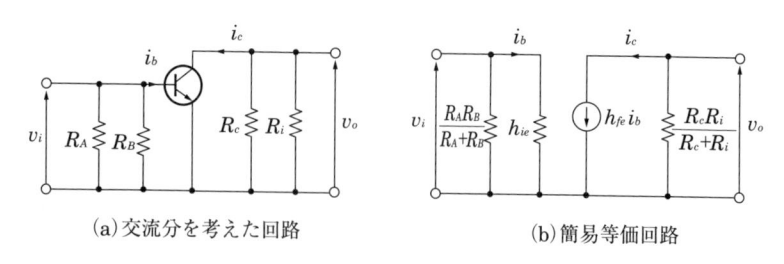

(a) 交流分を考えた回路   (b) 簡易等価回路

図 4.7　交流等価回路

　エミッタ接地回路と同様に，ベース接地回路とコレクタ接地回路の h パラメータ等価回路を図 4.8，図 4.9 に示す．

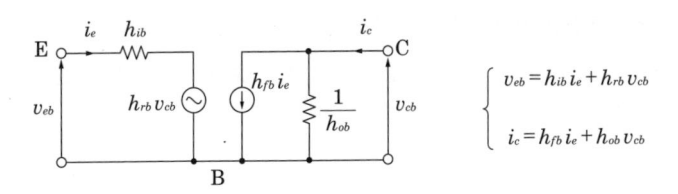

図 4.8 ベース接地等価回路

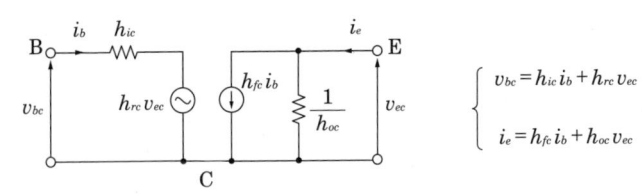

$$\begin{cases} v_{eb} = h_{ib} i_e + h_{rb} v_{cb} \\ i_c = h_{fb} i_e + h_{ob} v_{cb} \end{cases}$$

図 4.9 コレクタ接地等価回路

$$\begin{cases} v_{bc} = h_{ic} i_b + h_{rc} v_{ec} \\ i_e = h_{fc} i_b + h_{oc} v_{ec} \end{cases}$$

4.3 yパラメータ等価回路

hパラメータは，入力端子をオープンにした状態でh_{re}とh_{oe}を測定したが，**yパラメータ**は，式(4.4)に示すように，入出力端子をショートした状態ですべての値を測定したものである．

$$\left. \begin{aligned} y_i &= \left(\frac{i_i}{v_i}\right)_{v_o=0} : \text{出力をショートしたときの}\textbf{入力アドミタンス} \\ y_r &= \left(\frac{i_i}{v_o}\right)_{v_i=0} : \text{入力をショートしたときの}\textbf{逆伝達アドミタンス} \\ y_f &= \left(\frac{i_o}{v_i}\right)_{v_o=0} : \text{出力をショートしたときの}\textbf{順伝達アドミタンス} \\ y_o &= \left(\frac{i_o}{v_o}\right)_{v_i=0} : \text{入力をショートしたときの}\textbf{出力アドミタンス} \end{aligned} \right\} \cdots (4.4)$$

したがって，トランジスタの電極間に存在する分布容量の影響を受けにくいため，高周波領域において使用されることが多い．

式(4.5), (4.6)は，yパラメータを入力と出力側の電流で表したものである．

$$i_i = y_i v_i + y_r v_o \cdots (4.5)$$
$$i_o = y_f v_i + y_o v_o \cdots (4.6)$$

y_i, y_oはそれぞれ入力,出力側のアドミタンスであり,入力容量C_iと出力容量C_o,入力側コンダクタンスg_iと出力側コンダクタンスg_oを用いると,式(4.7),(4.8)で表すことができる.

$$y_i = g_i + j\omega C_i \quad \cdots\cdots\cdots\cdots\cdots\cdots\cdots\cdots\cdots\cdots\cdots\cdots\cdots\cdots\cdots\cdots\cdots(4.7)$$

$$y_o = g_o + j\omega C_o \quad \cdots\cdots\cdots\cdots\cdots\cdots\cdots\cdots\cdots\cdots\cdots\cdots\cdots\cdots\cdots\cdots\cdots(4.8)$$

コンダクタンスとは,抵抗の逆数であり,単位はアドミタンスと同じ(S)ジーメンスを使用する.

図4.10に,yパラメータを使用した等価回路を示す.

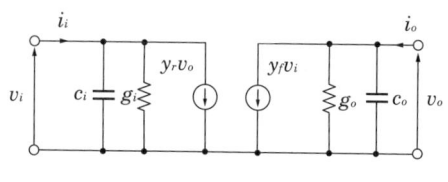

図 4.10 yパラメータ等価回路

4.4 周波数特性

図4.11に示すように,トランジスタ増幅回路の電圧増幅度は,入力電圧の周波数によって変化する.周波数が低い帯域または,高い帯域では増幅度が低下する.前に学んだ,電圧増幅度の計算式(式(2.19))は,中域の周波数で増幅度を計算するものである(式(4.9)).

$$A_v = \left|\frac{v_o}{v_i}\right| = \frac{h_{fe}}{h_{ie}} R_L \quad \cdots\cdots\cdots\cdots\cdots\cdots\cdots\cdots\cdots\cdots\cdots\cdots\cdots\cdots(4.9)$$

図4.11において,中域の増幅度から**3dBダウン**した周波数f_Lとf_Hを,それぞれ**低域遮断周波数**,**高域遮断周波数**と呼んでいる.そして,f_Lからf_Hまでの周波数を**帯域幅**という.帯域幅は,使用する信号の周波数成分が収まるように広くとるのが望ましい.例えば音声増幅器では,音声信号の周波数帯20Hz～20kHz以上の帯域幅が要求される.

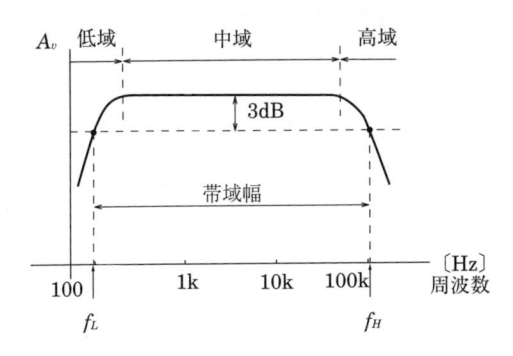

図 4.11 周波数特性の例

(1) 低域での増幅度

　低域で増幅度が低下する原因は，結合コンデンサ（C_1，C_2）とバイパスコンデンサC_Eによる影響が考えられる．図4.7(b)で示した簡易等価回路を使って，これらのコンデンサの影響を調べてみよう．図4.12に，C_1を考慮した等価回路を示す．図4.12から，電圧増幅度A_{v1}は式(4.10)，R_A，$R_B \gg h_{ie}$とすると電流i_bは式(4.11)で表される．

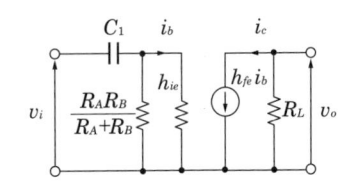

図 4.12　C_1を考慮した等価回路

$$A_{v1} = \left|\frac{v_o}{v_i}\right| = \left|\frac{h_{fe}i_b R_L}{v_i}\right| \quad \cdots\cdots(4.10)$$

$$i_b = \left|\frac{v_i}{h_{ie} + \frac{1}{j\omega C_1}}\right| = \frac{v_i}{h_{ie}\sqrt{1 + \left(\frac{1}{\omega C_1 h_{ie}}\right)^2}} \quad \cdots\cdots(4.11)$$

式(4.11)を式(4.10)に代入すると，式(4.12)が得られる．

$$A_{v1} = \frac{h_{fe}R_L}{h_{ie}} \cdot \frac{1}{\sqrt{1 + \left(\frac{1}{\omega C_1 h_{ie}}\right)^2}} \quad \cdots\cdots(4.12)$$

　この式が，式(4.9)に比べて3dB低下するということは，$1/\sqrt{2}$倍になることを意味する（3dB = $20\log_{10}A_v$より，$A_v = \sqrt{2}$）．したがって，C_1による**低域遮断**

周波数 f_{L1} は，$\omega C_1 h_{ie} = 1$ の条件で求めることができる（式(4.13)）．

$$f_{L1} = \frac{1}{2\pi C_1 h_{ie}} \quad \cdots\cdots\cdots\cdots\cdots\cdots\cdots\cdots\cdots\cdots\cdots\cdots\cdots\cdots (4.13)$$

図4.13に，C_2 を考慮した等価回路を示す．図4.13から，電圧増幅度 A_{v2} は，式(4.14)で計算できる．この式が，式(4.9)の $1/\sqrt{2}$ 倍になるのは，式(4.15)が成立する場合である（演習問題4-[4]参照）．

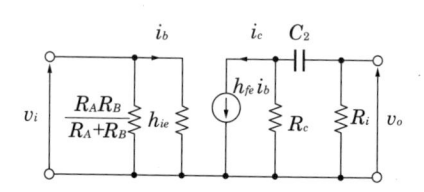

図4.13 C_2 を考慮した等価回路

$$A_{v2} = \left|\frac{v_o}{v_i}\right| = \left|\frac{h_{fe}R_L}{h_{ie}} \cdot \frac{1}{1+\dfrac{1}{j\omega C_2(R_c+R_i)}}\right| \quad \cdots\cdots\cdots (4.14)$$

$$\omega C_2(R_c + R_i) = 1 \quad \cdots\cdots\cdots\cdots\cdots\cdots\cdots\cdots\cdots\cdots\cdots\cdots (4.15)$$

したがって，C_2 による**低域遮断周波数** f_{L2} は，式(4.16)で求めることができる．

$$f_{L2} = \frac{1}{2\pi C_2(R_c + R_i)} \quad \cdots\cdots\cdots\cdots\cdots\cdots\cdots\cdots\cdots (4.16)$$

図4.14に，C_E を考慮した等価回路を示す（図4.6(a)参照）．$i_e \fallingdotseq i_c = h_{fe}i_b$ とすると，式(4.17)が成り立つ．ただし，Z_e は，式(4.18)のようになる．

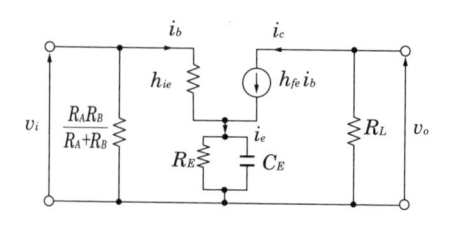

図4.14 C_E を考慮した等価回路

$$v_i = i_b h_{ie} + h_{fe} i_b z_e = i_b (h_{ie} + h_{fe} z_e) \quad \cdots\cdots (4.17)$$

$$z_e = \frac{-j\dfrac{R_E}{\omega C_E}}{R_E + \dfrac{1}{j\omega C_E}} = \frac{R_E}{1 + j\omega C_E R_E} \quad \cdots\cdots (4.18)$$

したがって，図4.14は，図4.15のように書き換えることができ，増幅度が3dB低下するのは，中域周波数でのA_v（式(2.19)）より，式(4.19)の$z = 1/\sqrt{2}$を満たすωを考えればよい．

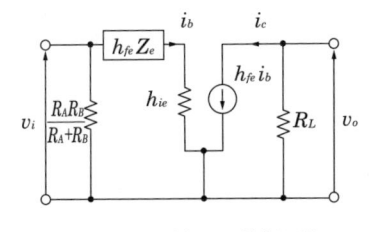

図 4.15 簡単化した等価回路

$$A_v = \left|\frac{v_o}{v_i}\right| = \left|\frac{h_{ie}}{h_{ie} + h_{fe} z_e} \cdot \frac{-h_{fe} R_L}{h_{ie}}\right| = z \left|\frac{-h_{fe} R_L}{h_{ie}}\right| \quad \cdots\cdots (4.19)$$

$$\omega = \frac{1}{C_E R_E}\left(1 + \frac{h_{fe} R_E}{h_{ie}}\right) \quad \cdots\cdots (4.20)$$

式(4.20)から，C_Eによる低域遮断周波数f_{LE}は，式(4.21)で表される．

$$f_{LE} = \frac{1}{2\pi C_E R_E}\left(1 + \frac{h_{fe} R_E}{h_{ie}}\right) \quad \cdots\cdots (4.21)$$

以上，C_1，C_2，C_Eによる低域遮断周波数のうち，最も高いものが，回路に影響を与えることになる．実際には，C_Eの影響が最も大きくなると考えられる．

(2) 高域での増幅度

トランジスタのh_{fe}は，高周波において，周波数が2倍になるに従って，およそ1/2に減少する性質がある．このために，高域では増幅度が低下する．また，高周波では，ベース–コレクタ間の分布容量や，配線間に生じる**漂遊容量**などの影響が無視できず，増幅度低下の原因となる．したがって，高域遮断周波数の低下を防ぐためには，h_{fe}の周波数特性のよいトランジスタを選定し，漂遊容量の少ない配線を心がけるなどの注意が必要となる．

4.4 周波数特性

● 演習問題 4 ●

[1] ノートンの定理について説明しなさい．

[2] 図4.16に示すエミッタ接地増幅回路について，次の問に答えなさい．

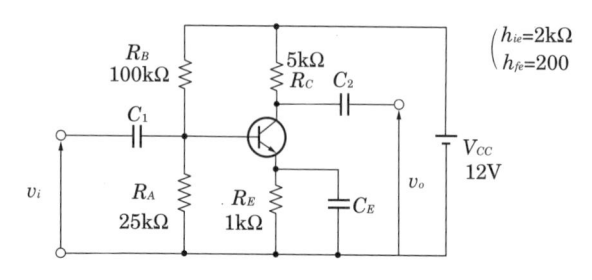

図 4.16 エミッタ接地増幅回路

($h_{ie}=2k\Omega$, $h_{fe}=200$)

① h パラメータによる簡易等価回路を書きなさい．
② 中域周波数における，電圧増幅度を求めなさい．
③ 入力インピーダンスと出力インピーダンスを求めなさい．
④ 低域遮断周波数を20Hz以下にしたい．このときのバイパスコンデンサ C_E の値を求めなさい．

[3] 高い周波数においては，h パラメータではなく，y パラメータが使用される理由を説明しなさい．

[4] 図4.13において，電圧増幅度 A_{v2} と低域遮断周波数 f_{L2} を表す式(4.14)，(4.16)を導きなさい．

$$A_{v2} = \left| \frac{h_{fe}}{h_{ie}} \cdot R_L \frac{1}{1+\dfrac{1}{j\omega C_2(R_C+R_i)}} \right| \quad \cdots\cdots(4.14)$$

$$f_{L2} = \frac{1}{2\pi C_2(R_C+R_i)} \quad \cdots\cdots(4.16)$$

[5] 高域周波数において，増幅度が低下する理由をあげなさい．

第5章
FET 増幅回路

FET（電界効果トランジスタ）の構造や基本的な動作原理については，第1章で学んだ．この章では，FETのバイアス回路や接地方式，等価回路などについて学習する．

5.1 FETのバイアス回路

FET増幅回路を安定に動作させるためには，適切な動作点（I_D, V_{GS}, V_{DS}）を設定することが重要である．FETのバイアス回路には，トランジスタと同様に，**固定バイアス回路**と**自己バイアス回路**がある．

(1) 固定バイアス回路

図5.1に，接合形FETの固定バイアス回路を示す．この回路では，ドレイン-ソース間の電圧 V_{DS} は，式(5.1)で求められる．

$$V_{DS} = V_{DD} - R_D I_D \cdots\cdots\cdots\cdots(5.1)$$

例えば，V_{DD} = 12V，R_D = 10kΩとすると，図5.2に示すような**負荷線AB**が引ける．この中心付近を動作点Qとすれば，I_D = 0.6mA，V_{GS} = $-$ 0.5Vが得られる．

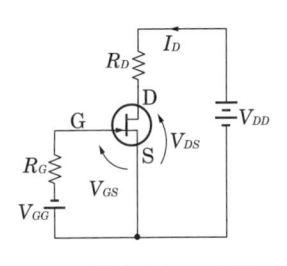

図5.1　固定バイアス回路

したがって，V_{GG} には0.5Vの電源を用いればよい．抵抗 R_G には，電流がほとんど流れないので，1MΩ程度の高抵抗を用いる．また，I_D-V_{GS} 特性は，式(5.2)で表される．ここで，I_{DSS} は V_{GS} = 0のときのドレイン電流，V_P はピンチオフ電圧

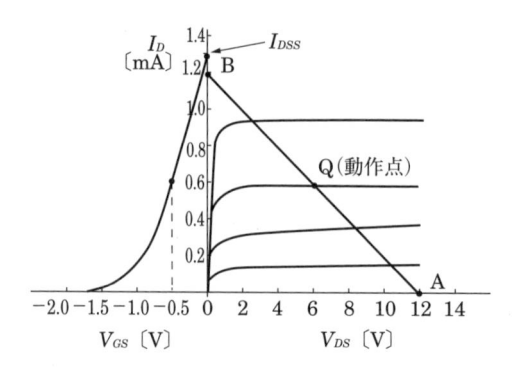

図 5.2 FETの動作点

である．

$$I_D = I_{DSS}\left(1 - \frac{V_{GS}}{V_P}\right)^2 \quad \cdots\cdots(5.2)$$

これより，FETのI_{DSS}とV_Pがわかれば，静特性のグラフを使用しなくても式(5.3)を用いて，V_{GG}を計算することが可能である．

$$V_{GG} = -V_{GS} = -V_P\left(1 - \sqrt{\frac{I_D}{I_{DSS}}}\right) \quad \cdots\cdots(5.3)$$

固定バイアス回路は，設計が簡単，ソースの電位がゼロなので**電源の利用率が**よいなどの長所がある．しかし，2個の電源が必要，I_{DSS}とV_PのばらつきがそのままI_Dに反映されてしまう（式(5.2)）などの大きな欠点があるために，実際に採用されることは少ない．

(2) 自己バイアス回路

図5.3に，接合形FETの**自己バイアス回路**を示す．この回路では，式(5.4)に示すように，抵抗R_Sによる電圧降下がバイアス電圧V_{GS}となる．

$$V_{GS} = -R_S I_D \quad \cdots\cdots(5.4)$$

図 5.3 自己バイアス回路

また，ドレイン-ソース間の電圧V_{DS}は，式(5.5)で求められる．

$$V_{DS} = V_{DD} - (R_D + R_S)I_D \quad \cdots\cdots(5.5)$$

したがって，例えば$R_D + R_S$を10kΩとした場合には，図5.2で引いた負荷線と同じになる．また，$R_D \gg R_S$であることを考えると，式(5.5)は式(5.1)のように近似することができる．

次に，固定バイアス回路と自己バイアス回路におけるドレイン電流I_Dの**安定度**について比較しよう．

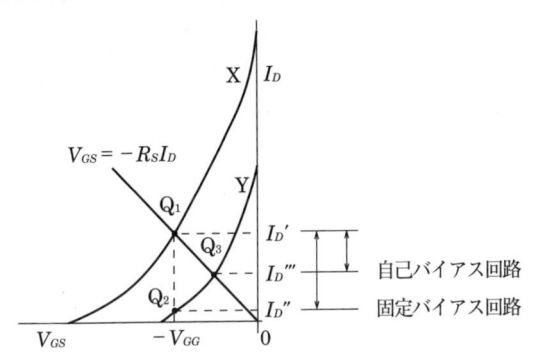

図5.4 静特性の変化によるI_Dの変動

$V_{GS} - I_D$特性が図5.4に示す曲線Xのように与えられているFET_1で，動作点をQ_1の位置で使用している場合を考える．FET_1をFET_2に交換した場合，または温度変化によって，$V_{GS} - I_D$特性が曲線XからYに変化したとする．この場合，固定バイアス回路では，$V_{GS}(=-V_{GG})$は変化しないので，動作点Q_1はQ_2へ移動し，ドレイン電流I_D'はI_D''へと移動する．

一方，自己バイアス回路では，動作点は式(5.4)で表される直線上を移動するので特性曲線がYに変化した場合，Q_1はQ_3へ移動し，$|V_{GS}|$が減少して，ドレイン電流はI_D'''へと移動する．つまり，固定バイアス回路に比べて，ドレイン電流の変化が小さいことがわかる．

5.2 FETの3定数

図5.5に接合形FET（nチャネル）の図記号，図5.6～5.8にドレイン-ソース電圧V_{DS}，ドレイン電流I_D，ゲート-ソース電圧V_{GS}をパラメータとしたときの静

特性の例を示す.

FETでは，図5.6～5.8の動作点における静特性曲線の傾きから，**ドレイン抵抗r_d，相互コンダクタンスg_m，増幅率μの3定数**を定義する.

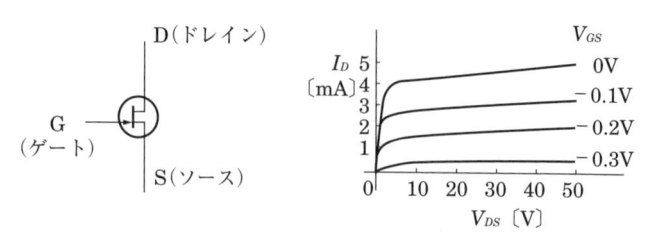

図5.5 接合形FETの図記号（nチャネル）

図5.6 $V_{DS}-I_D$特性の例

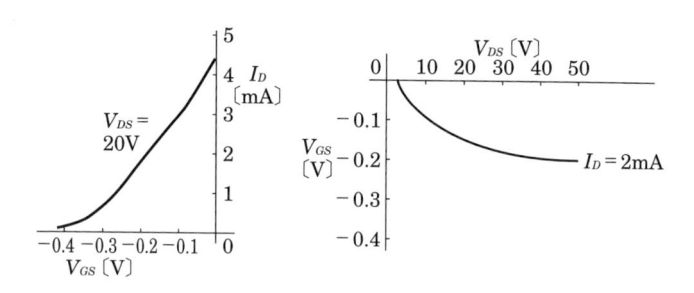

図5.7 $V_{GS}-I_D$特性の例

図5.8 $V_{DS}-V_{GS}$特性の例

① **ドレイン抵抗r_d**

図5.6において，V_{GS}を一定とした場合の曲線の傾きであり，単位にはΩを使用する.

$$r_d = \left(\frac{dV_{DS}}{dI_D}\right)_{V_{GS}=一定} = \frac{\partial V_{DS}}{\partial I_D} \quad \cdots\cdots(5.6)$$

② **相互コンダクタンスg_m**

図5.7において，V_{DS}を一定とした場合の曲線の傾きであり，単位にはSを使用する.

$$g_m = \left(\frac{dI_D}{dV_{GS}}\right)_{V_{DS}=一定} = \frac{\partial I_D}{\partial V_{GS}} \quad \cdots\cdots(5.7)$$

③ **増幅率μ**

図5.8において，I_Dを一定とした場合の曲線の傾きであり，単位は使用しない.

$$\mu = -\left(\frac{dV_{DS}}{dV_{GS}}\right)_{I_D=-\text{定}} = \frac{\partial V_{DS}}{\partial V_{GS}} \quad \cdots\cdots\cdots\cdots\cdots\cdots\cdots\cdots\cdots\cdots\cdots\cdots\cdots(5.8)$$

これら r_d, g_m, μ を FET の **3定数** と呼ぶ.

I_D は, V_{GS} と V_{DS} の関数なので式(5.9)を考え, I_D の変化量を求めるために全微分する.

$$I_D = f(V_{GS},\ V_{DS}) \quad \cdots\cdots\cdots\cdots\cdots\cdots\cdots\cdots\cdots\cdots\cdots\cdots\cdots(5.9)$$

$$dI_D = \frac{\partial I_D}{\partial V_{GS}} \cdot dV_{GS} + \frac{\partial I_D}{\partial V_{DS}} \cdot dV_{DS} \quad \cdots\cdots\cdots\cdots\cdots\cdots(5.10)$$

これに, 式(5.6), (5.7)を代入する.

$$dI_D = g_m dV_{GS} + \frac{1}{r_d} dV_{DS} \quad \cdots\cdots\cdots\cdots\cdots\cdots\cdots\cdots\cdots(5.11)$$

ここで, I_D が一定となるように, V_{GS} と V_{DS} を変化することを考えると, $dI_D = 0$ となるから式(5.12)が得られる.

$$g_m\, dV_{GS} + \frac{1}{r_d} dV_{DS} = 0$$

$$g_m r_d = -\left(\frac{dV_{DS}}{dV_{GS}}\right)_{I_D=-\text{定}} \quad \cdots\cdots\cdots\cdots\cdots\cdots\cdots\cdots(5.12)$$

したがって, 式(5.8)と式(5.12)とから, FETの3定数の間には式(5.13)の関係があることがわかる.

$$\mu = g_m\, r_d \quad \cdots\cdots\cdots\cdots\cdots\cdots\cdots\cdots\cdots\cdots\cdots\cdots\cdots\cdots(5.13)$$

5.3 FETの等価回路

図5.9に, FETのソース接地回路を示す. 式(5.11)において, $dI_D = i_d$, $dV_{GS} = v_{gs}$, $dV_{DS} = v_{ds}$ と置き換えると, 式(5.14)が得られる.

$$i_d = g_m v_{gs} + \frac{1}{r_d} v_{ds} \quad \cdots\cdots\cdots\cdots\cdots\cdots\cdots\cdots\cdots\cdots\cdots(5.14)$$

これにより, 図5.9は, 図5.10に示す**定電流源等価回路**で表すことができる. FETでは, ゲートの入力インピーダンスは非常に高いので, オープンになって

いると考えることができる．また，式(5.14)の両辺に r_d を掛けて整理すると式(5.15)が得られる．

$$i_d r_d = g_m v_{gs} r_d + v_{ds}$$

$$v_{ds} = -g_m v_{gs} r_d + i_d r_d \cdots\cdots\cdots(5.15)$$

これに，式(5.13)を代入すると式(5.16)のようになる．

$$v_{ds} = -\mu v_{gs} + i_d r_d \cdots\cdots\cdots(5.16)$$

これにより，図5.9は，図5.11に示す**定電圧源等価回路**で表すことができる．

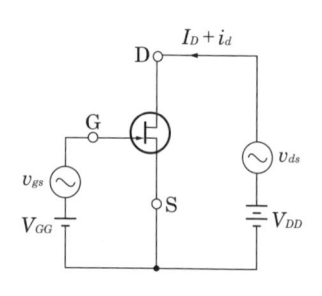

図5.9 ソース接地回路

図5.12に，FETを用いた3つの接地方式の定電流源等価回路を示す．

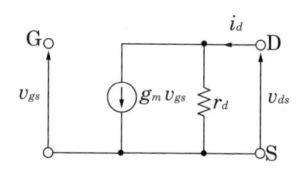

図 5.10 定電流源等価回路   図 5.11 定電圧源等価回路

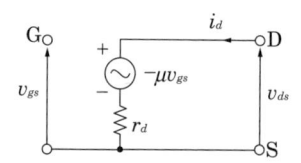

	ソース接地	ゲート接地	ドレイン接地
FET 記号	G—[FET]—D, S, v_{gs}	S—[FET]—D, G, v_{sg}	G—[FET]—S, D, v_{gd}
等価回路	G—D, v_{gs}, $g_m v_{gs}$, r_d, S	S—D, v_{sg}, $\frac{1}{g_m}$, r_d, $g_m v_{sg}$, G	G—S, v_{gd}, $g_m v_{gd}$, $\frac{r_d}{\mu+1}$, D

図 5.12 各接地方式の定電流源等価回路

5.4 FETによる増幅回路

　FETの各接地方式を用いた増幅回路について，入出力インピーダンスや増幅度を考えよう．FETではゲート電流が流れないので，動作量の計算はトランジスタに比べて容易である．

(1) ソース接地増幅回路

　図5.13に，**ソース接地増幅回路**とその定電圧源等価回路を示す．

(a) 回路　　　　　　　　　　(b) 定電圧源等価回路

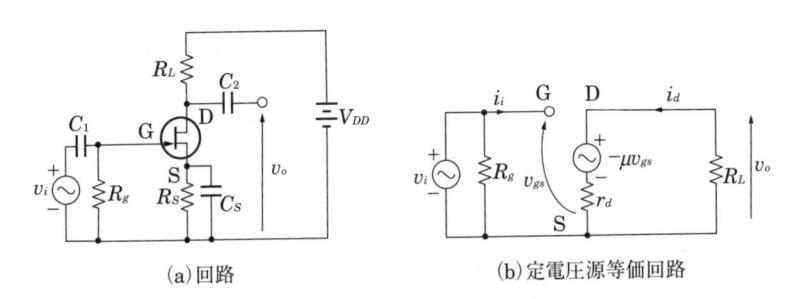

図 5.13　ソース接地増幅回路

　等価回路から考えると，入力インピーダンス Z_{is} と出力インピーダンス Z_{os} は，式(5.17)，(5.18)のようになる．

$$Z_{is} = \frac{v_i}{i_i} = \infty \quad \cdots\cdots(5.17)$$

$$Z_{os} = \left(\frac{v_o}{i_d}\right)_{v_i=0} = r_d \quad \cdots\cdots(5.18)$$

　出力側においては式(5.19)，(5.20)，入力側では式(5.21)が成立することから，電圧増幅度 A_v は式(5.22)で求められる．

$$(r_d + R_L)i_d = \mu v_{gs} \quad \cdots\cdots(5.19)$$

$$v_o = -R_L i_d \quad \cdots\cdots(5.20)$$

$$v_i = v_{gs} \quad \cdots\cdots(5.21)$$

$$A_v = \frac{v_o}{v_i} = -\frac{\mu R_L}{r_d + R_L} \quad \cdots\cdots(5.22)$$

この式で,マイナス符号が付いているのは,入力と出力の位相が反転していることを示している.

また,入力電流 $i_i = 0$ であるために,電流増幅度 A_i は無限大となる.

(2) ゲート接地増幅回路

図5.14に,**ゲート接地増幅回路**とその定電圧源等価回路を示す.

(a) 回路　　　　　　　　　(b) 定電圧源等価回路

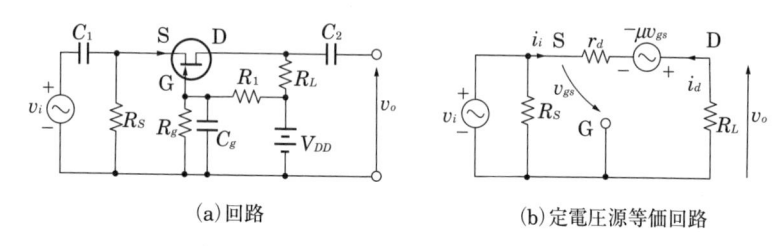

図5.14 ゲート接地増幅回路

等価回路から,式(5.23)～(5.25)が成立する.

$$v_{gs} = -v_i \tag{5.23}$$

$$v_i - \mu v_{gs} = -(r_d + R_L)i_d = (r_d + R_L)i_i \tag{5.24}$$

$$v_o = -R_L i_d \tag{5.25}$$

これより,入力インピーダンス Z_{ig} と電圧増幅度 A_v,電流増幅度 A_i は,次のようになる.ゲート接地回路では,入力と出力は同相である.

$$Z_{ig} = \frac{v_i}{i_i} = \frac{r_d + R_L}{1 + \mu} \tag{5.26}$$

$$A_v = \frac{v_o}{v_i} = \frac{(1+\mu)R_L}{r_d + R_L} \tag{5.27}$$

$$A_i = \frac{-i_d}{i_i} = 1 \tag{5.28}$$

次に,出力インピーダンス Z_{og} を求めるために,$v_i = 0$ として,式(5.29)～(5.31)を得る.

$$v_o = -R_s i_i + r_d i_d - \mu v_{gs} \tag{5.29}$$

$$i_i = -i_d \tag{5.30}$$

$$v_{gs} = R_s i_i \quad \cdots\cdots(5.31)$$

これより，出力インピーダンス Z_{og} は，式(5.32)のようになる．

$$Z_{og} = \left(\frac{v_o}{i_d}\right)_{v_i=0} = r_d + (1+\mu)R_s \quad \cdots\cdots(5.32)$$

(3) ドレイン接地増幅回路

図5.15に，**ドレイン接地増幅回路**とその定電圧源等価回路を示す．コレクタ接地回路がエミッタフォロアと呼ばれるのと同様に，ドレイン接地増幅回路は**ソースフォロア**とも呼ばれる．

(a) 回路　　　　　　　　(b) 定電圧源等価回路

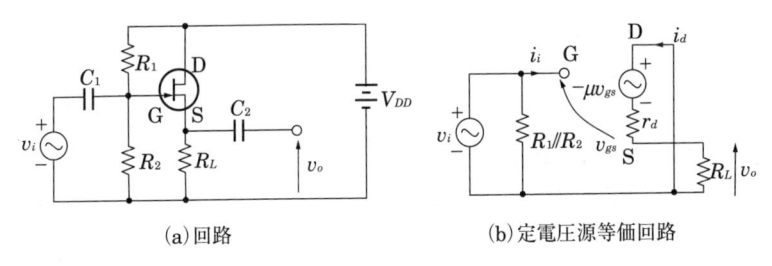

図 5.15　ドレイン接地増幅回路(ソースフォロア)

この回路の動作量は，式(5.33)，(5.34)のようになる．また，$i_i = 0$ より，入力インピーダンス Z_{id} と電流増幅度 A_i は，無限大となる．

$$Z_{od} = \left(\frac{v_o}{i_d}\right)_{v_i=0} = \frac{r_d}{1+\mu} \quad \cdots\cdots(5.33)$$

$$A_v = \frac{v_o}{v_i} = \frac{\mu R_L}{r_d + (1+\mu)R_L} \quad \cdots\cdots(5.34)$$

●演習問題5●

[1] トランジスタには熱暴走と呼ばれる問題がある（22ページ）が，FETについてはどうか簡単に説明しなさい．

[2] FET増幅回路において，自己バイアス方式では，固定バイアス方式に比べてドレイン電流I_Dの安定度がよい．この理由を説明しなさい．

[3] FETの各接地増幅回路における動作量について，表5.1を完成しなさい．

表5.1　FETの動作量

動作量	ソース接地	ゲート接地	ドレイン接地
入力インピーダンス			
出力インピーダンス			
電圧増幅度			
電流増幅度			

[4] ゲート接地増幅回路の特徴を説明しなさい．

[5] ドレイン接地増幅回路において，出力インピーダンスと電圧増幅度を表す式(5.33)，(5.34)を導きなさい（49ページ）．

[6] 図5.16(a)に示す等価回路は，図(b)のように書けることを示しなさい．

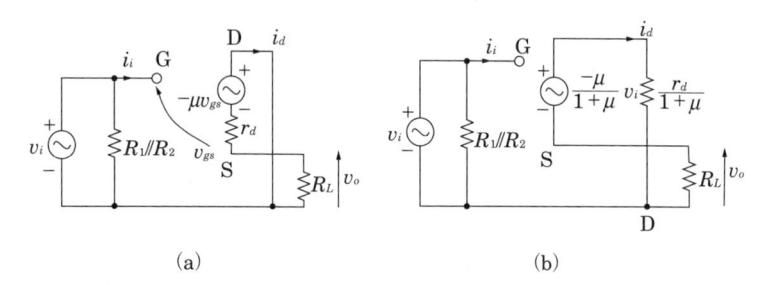

図5.16　ドレイン接地等価回路

第6章
RC結合増幅回路

トランジスタやFETを使った増幅回路においては，必要な増幅度を得るために，多段増幅回路を構成することが多い．この章では，代表的な多段増幅回路として使用されるRC結合増幅回路を取り上げて，その増幅度や周波数特性などについて学ぶ．

6.1 多段増幅回路の種類

必要な増幅度を得るために**多段増幅回路**を構成する場合，増幅回路間に置く回路を**結合回路**と呼ぶ（図6.1）．

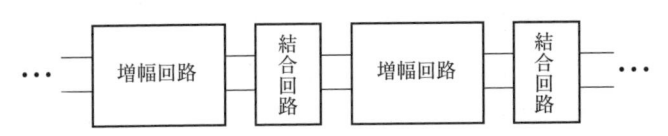

図 6.1 増幅回路と結合回路

多段増幅回路は，結合回路の方式によっていくつかの種類に分類される．

(1) RC結合増幅回路

コンデンサを通して，前段増幅回路の出力を次段へ供給する回路を**RC結合増幅回路**という．図6.2に，電流帰還バイアス回路による2段のRC結合増幅回路を示す．図4.6(a)に示した回路は，1段のRC結合増幅回路と考えることができる．前段と次段の増幅回路は，コンデンサによって直流的に切り離されているために，バイアス回路を設計しやすい．また，周波数帯域が比較的広い利点があり，低周波の小信号用によく用いられている．RC結合増幅回路については，後で詳

しく学習する.

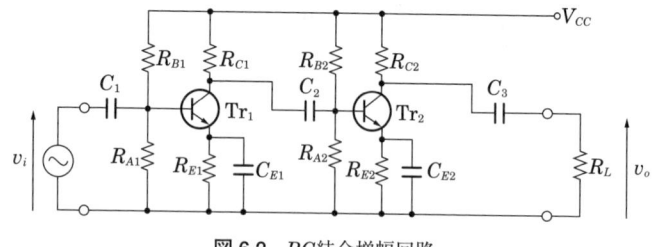

図 6.2 RC結合増幅回路

(2) トランス結合増幅回路

図6.3に示すように，トランス（変成器）を用いて，前段増幅回路の出力を次段へ供給する回路を**トランス結合増幅回路**という．

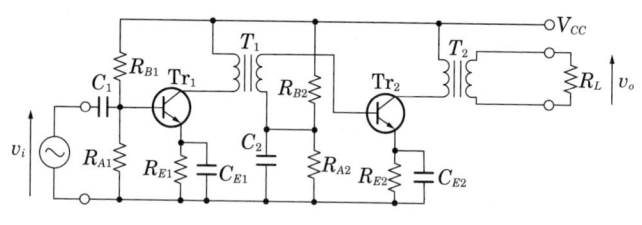

図 6.3 トランス結合増幅回路

トランス結合増幅回路では，トランスのインピーダンスを前段や次段の負荷インピーダンスと整合させることで電力損失の少ない結合が可能である．したがって，スピーカなどを接続した電力増幅回路（第8章参照）などに使用されることが多い．一方，周波数特性はトランスの性能に依存し，一般的にはRC結合や直接結合（直結）増幅回路よりも周波数特性はよくない．また，小型で特性のよいトランスは高価なことなどが問題となる．

(3) 直結増幅回路

RC結合やトランス結合増幅回路では，コンデンサやトランスによって，前段と次段を結合しているために直流分を含んだ信号を増幅することはできない．直流分を増幅するためには，図6.4に示すように，コンデンサやトランスを使用しないで，前段と次段を直接的に結合した**直結増幅回路**を構成する．

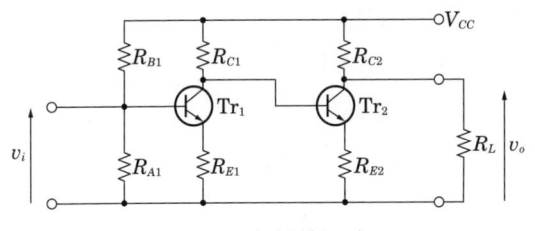

図 6.4 直結増幅回路

　直結増幅回路では，リアクタンスをもったコンデンサやトランス（コイル）を用いないために，周波数特性が非常によくなる利点がある．しかし，前段と次段は直流的に接続されているため，回路の一部にバイアス変動などが生じると，回路全体にまで変動が影響する．したがって，実際の回路では，バイアス回路の安定化対策が必要となる．図6.5では，前段のバイアス変動を次段の増幅回路で増幅するのを抑えるために，破線で示したような**負帰還**（第7章参照）をかけることで回路の安定化を図っている．

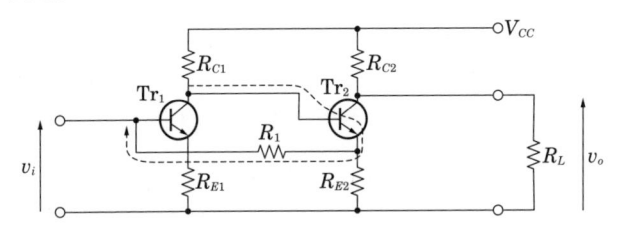

図 6.5　バイアス回路の安定化を図った直結増幅回路

6.2 RC結合増幅回路の周波数特性

　トランジスタ増幅回路における結合コンデンサの影響については，第4章で学んだ（37ページ参照）．ここでは，FETを使用したソース接地RC結合増幅回路における**周波数特性**を考えよう．FETには，各端子間に次のような静電容量が存在する．

　C_{gs}：ゲート－ソース間容量
　C_{gd}：ゲート－ドレイン間容量

C_{ds}：ドレイン－ソース間容量

図6.6に，これらを考慮したFETの定電流源等価回路を示す．図6.6では，入力側と出力側に挿入されている容量C_{gd}が，回路の解析を複雑にしてしまうために，次のように考えるとよい．

C_{gd}にゲートからドレインへ向けて流れる電流i_{gd}は，式(6.1)で表される．

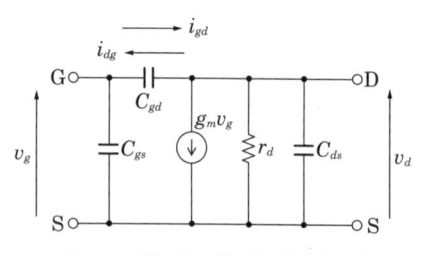

図6.6　ピン間の静電容量を考えた定電流源等価回路

$$i_{gd} = (v_g - v_d)j\omega C_{gd} = v_g\left(1 - \frac{v_d}{v_g}\right)j\omega C_{gd}$$

$$= v_g(1 + A_v)j\omega C_{gd} \quad \cdots\cdots(6.1)$$

これより，入力側からはC_{gd}が，$(1+A_v)$倍の容量に見えることがわかる．この性質は，**ミラー効果**と呼ばれる．したがって，入力側の容量C_iは，式(6.2)のようになる．

$$C_i = C_{gs} + (1 + A_v)C_{gd} \quad \cdots\cdots(6.2)$$

また，C_{gd}にドレインからゲートへ向けて流れる電流i_{dg}は，式(6.3)で表される．

$$i_{dg} = (v_d - v_g)j\omega C_{gd} = v_d\left(1 - \frac{v_g}{v_d}\right)j\omega C_{gd}$$

$$= v_d\left(1 + \frac{1}{A_v}\right)j\omega C_{gd} \quad \cdots\cdots(6.3)$$

$A_v \gg 1$とすると，出力側の容量C_oは，式(6.4)のようになる．

$$C_o = C_{ds} + C_{gd} \quad \cdots\cdots(6.4)$$

したがって，図6.6の等価回路は，図6.7のように簡単化して書くことができる．

次に，図6.8に示すFETを用いたRC結合増幅回路の**電圧増幅度**を求めよう．ただし，r_sは信号源(v_s)の内部抵抗を表す．

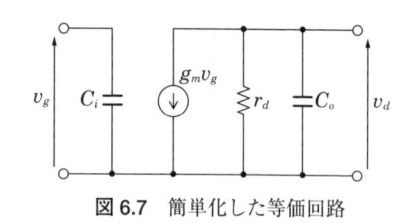

図6.7　簡単化した等価回路

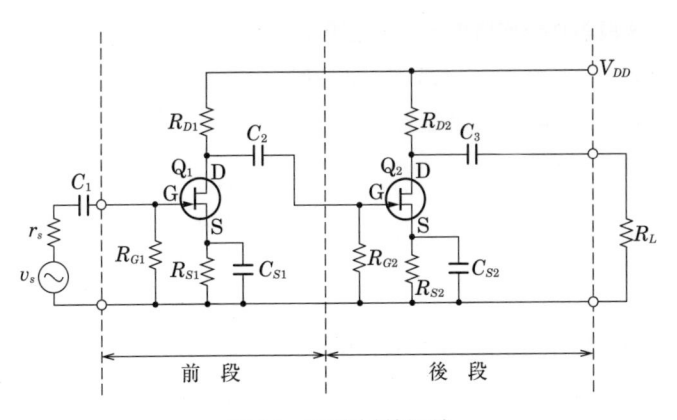

図 6.8 RC 結合増幅回路

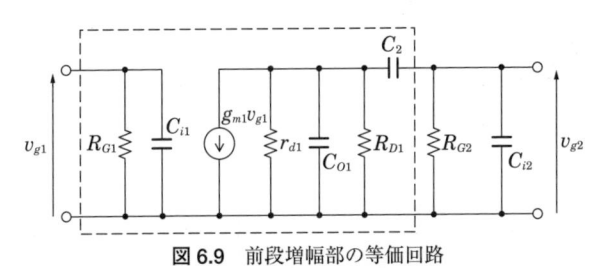

図 6.9 前段増幅部の等価回路

この RC 結合増幅回路の前段増幅部の等価回路を図 6.9 に示す.

それでは,周波数が中域・低域・高域のそれぞれの場合に分けて考えよう.

(1) 中 域

図 6.9 に示す等価回路において,**中域周波数**(数 100 Hz ～数 kHz)では,式 (6.5) の関係が成り立つ.ただし,C_{S1}, C_{S2} は十分に大きい値であるとする.また,$r_s \ll R_{G1}$ である.

$$\left. \begin{array}{r} \dfrac{1}{\omega C_2} \ll R_{G1},\ r_{d1},\ R_{D1} \\[4pt] \dfrac{1}{\omega C_{i1}},\ \dfrac{1}{\omega C_{i2}} \gg R_{G1},\ R_{G2} \\[4pt] \dfrac{1}{\omega C_{O1}} \gg r_{d1},\ R_{D1} \end{array} \right\} \quad \cdots\cdots (6.5)$$

したがって,図 6.9 の等価回路は,図 6.10 のように考えることができる.ただし,R_{OM} は出力側に接続されている 3 本の抵抗の並列合成抵抗である.

すると，後段の増幅回路のゲート電圧 v_{g2} は，式(6.6)のようになり，これより，中域周波数における電圧増幅度 A_{vM} が計算できる．

$$v_{g2} = -g_{m1}v_{g1} \times R_{OM} \cdots\cdots(6.6)$$

$$A_{vM} = \frac{v_{g2}}{v_{g1}} = -g_{m1}R_{OM} \cdots\cdots(6.7)$$

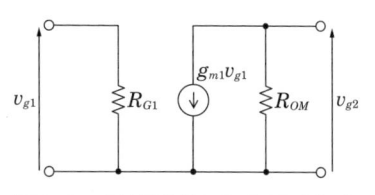

図 6.10 中域周波数における等価回路

(2) 低　域

低域周波数（数100Hz以下）では，図6.9に示す等価回路において，各コンデンサのリアクタンスが増大する．その中で，回路に直列に接続してある結合コンデンサ C_2 のリアクタンスが無視できなくなる．したがって，低域周波数における前段増幅部の等価回路は，図6.11にように考えることができる．ただし，R_{O1} は，図6.9における抵抗 r_{d1} と R_{D1} の並列合成抵抗である．

定電流源 $g_{m1}v_{g1}$ が，i_1 と i_2 に分流していると考えると i_2 は，式(6.8)で表される．v_{g2} は，i_2 と R_{G2} の積であるから，式(6.9)のようになる．

これより，低域周波数における電圧増幅度 A_{vL} は式(6.10)に示すように表される．

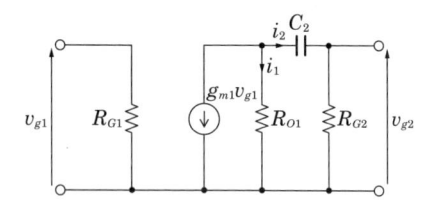

図 6.11 低域周波数における等価回路

$$i_2 = \frac{R_{O1}}{R_{O1} + \left(R_{G2} + \dfrac{1}{j\omega C_2}\right)} g_{m1}v_{g1} \cdots\cdots(6.8)$$

$$v_{g2} = -i_2 R_{G2} = \frac{-R_{O1} \cdot R_{G2}}{R_{O1} + \left(R_{G2} + \dfrac{1}{j\omega C_2}\right)} g_{m1}v_{g1} \cdots\cdots(6.9)$$

$$A_{vL} = \frac{v_{g2}}{v_{g1}} = -g_{m1} \frac{R_{O1}R_{G2}}{R_{O1} + R_{G2} + \dfrac{1}{j\omega C_2}}$$

$$= -g_{m1} \frac{R_{O1}R_{G2}}{R_{O1} + R_{G2}} \frac{1}{1 + \dfrac{1}{j\omega C_2 (R_{O1} + R_{G2})}} \cdots\cdots(6.10)$$

R_{OM} は出力側に接続されている3本の抵抗の並列合成抵抗であるから，次の関係が成り立つ．

$$\frac{R_{O1}R_{G2}}{R_{O1}+R_{G2}} = R_{OM}$$

これと，中域周波数における電圧増幅度 $A_{vM} = -g_{m1}R_{OM}$ であることから，式(6.10)は，式(6.11)のように書き換えることができる．

$$A_{vL} = A_{vM} \cdot \frac{1}{1+\dfrac{1}{j\omega C_2(R_{O1}+R_{G2})}} \quad \cdots\cdots (6.11)$$

ここで，A_{vL} が A_{vM} の $1/\sqrt{2}$ 倍の大きさになるのは，式(6.12)が成立する場合である．

$$\omega C_2(R_{O1}+R_{G2}) = 1 \quad \cdots\cdots (6.12)$$

言い換えるならば，式(6.12)が成立する場合には，電圧増幅度が3dBダウンする．したがって，$\omega = 2\pi f_L$ を式(6.12)に代入して整理すると，**低域遮断周波数** f_L は，式(6.13)のように表すことができる．

$$f_L = \frac{1}{2\pi C_2(R_{O1}+R_{G2})} \quad \cdots\cdots (6.13)$$

(3) 高　域

高域周波数（数kHz以上）では，図6.9に示す等価回路において，各コンデンサのリアクタンスが減少する．したがって，結合コンデンサはショートしていると考えればよい．しかし，回路に並列に接続してあるコンデンサのリアクタンスが無視できなくなる．したがって，高域周波数における前段増幅部の等価回路は，図6.12にように考えることができる．

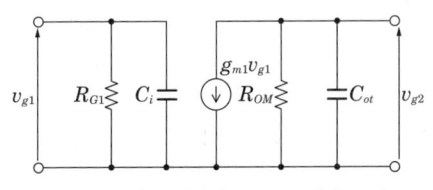

図 6.12　高域周波数における等価回路

ただし，C_{ot}は図6.9におけるコンデンサC_{O1}とC_{i2}の並列合成静電容量であり，R_{OM}は出力側に接続されている3本の抵抗の並列合成抵抗である．

出力側の合成インピーダンスZ_Oは，R_{OM}とC_{ot}の並列インピーダンスであるから，式(6.14)のように表される．

$$Z_O = \frac{R_{OM} \cdot \dfrac{1}{j\omega C_{ot}}}{R_{OM} + \dfrac{1}{j\omega C_{ot}}}$$

$$= \frac{R_{OM}}{1 + j\omega C_{ot} R_{OM}} \quad \cdots\cdots(6.14)$$

一方，出力電圧v_{g2}は，次のようになる．

$$v_{g2} = -g_{m1} v_{g1} Z_O$$

$$= -g_{m1} v_{g1} \frac{R_{OM}}{1 + j\omega C_{ot} R_{OM}} \quad \cdots\cdots(6.15)$$

したがって，高域周波数における電圧増幅度A_{vH}は，式(6.16)のようになる．

$$A_{vH} = \frac{v_{g2}}{v_{g1}} = -g_{m1} \frac{R_{OM}}{1 + j\omega C_{ot} R_{OM}}$$

$$= A_{vM} \frac{1}{1 + j\omega C_{ot} R_{OM}} \quad \cdots\cdots(6.16)$$

ここで，A_{vH}がA_{vM}の$1/\sqrt{2}$倍の大きさになるのは，式(6.17)が成立する場合である．

$$\omega C_{ot} R_{OM} = 1 \quad \cdots\cdots(6.17)$$

言い換えるならば，式(6.17)が成立する場合には，電圧増幅度が3dBダウンする．したがって，$\omega = 2\pi f_H$を式(6.17)に代入して整理すると，**高域遮断周波数**f_Hは，式(6.18)のように表すことができる．

$$f_H = \frac{1}{2\pi C_{ot} R_{OM}} \quad \cdots\cdots(6.18)$$

また，入力静電容量C_iは，式(6.2)に示したミラー効果の影響で，式(6.19)で表される大きさとなる．

$$C_i = C_{gs} + (1 + A_{vH})C_{gd} \quad \cdots\cdots\cdots\cdots\cdots\cdots\cdots\cdots\cdots\cdots (6.19)$$

この入力静電容量は，図6.12において出力側の静電容量として示した合成静電容量C_{ot}に含まれる後段の増幅回路C_{i2}についても同様である．このために，高域周波数における電圧増幅度の周波数特性には，ゲート–ドレイン間の静電容量C_{gd}が影響を与える．また，実際の回路を高域周波数で動作させる場合には，配線などに分布する静電容量（**分布容量**）の影響も存在する．

図6.13に，RC結合増幅回路の周波数–電圧増幅度特性を示す．

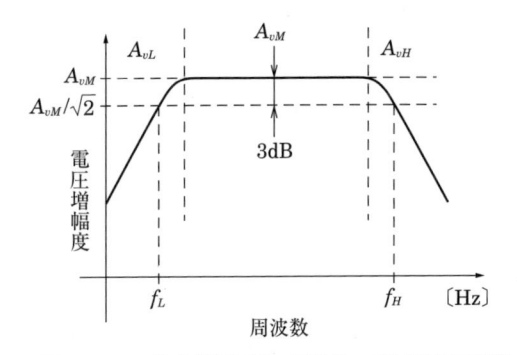

図6.13 RC結合増幅回路の周波数–電圧増幅度特性

● 演習問題6 ●

[1] RC結合増幅回路の長所・短所を説明しなさい．
[2] トランス結合増幅回路の長所・短所を説明しなさい．
[3] 直結増幅回路の長所・短所を説明しなさい．
[4] 図6.14に示すように，増幅回路の入力-出力端子間に静電容量 C が存在する場合，C が増幅度に与える影響について説明しなさい．ただし，増幅回路の入力インピーダンスは∞，電圧増幅度は A_v であるとする．

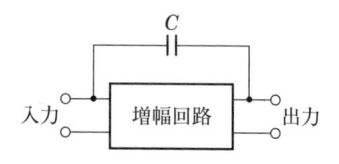

図 6.14　増幅回路と静電容量

[5] RC結合増幅回路において，低域と高域周波数では，増幅度が低下する理由を説明しなさい．
[6] 図6.15に示す RC 結合増幅回路において，前段部の電流増幅度 A_i を中域・低域・高域周波数に分けて表しなさい．ただし，コンデンサ C_{E1} と C_{E2} は十分に大きな値であるとする．

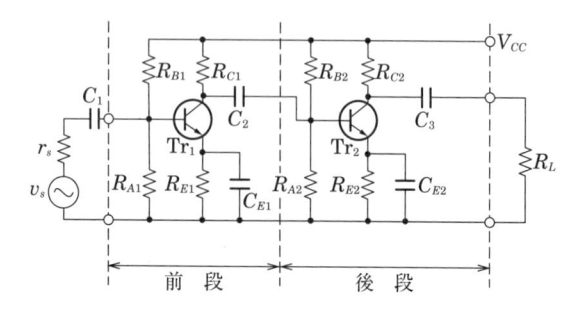

図 6.15　トランジスタを用いた RC 結合増幅回路

第7章
負帰還増幅回路

　出力信号の一部を入力側に帰還する（戻す）場合に，帰還電圧が元の入力電圧と同相であるものを正帰還といい，発振（第11章参照）という現象を引き起こす．一方，帰還電圧を逆相にする負帰還では，増幅度の低下を生じるデメリットと引き替えに，ひずみや雑音の軽減，周波数特性の改善といった大きなメリットを得ることができる．ここでは負帰還について学ぼう．

7.1 負帰還の原理

　図7.1(a)に逆相，図(b)に同相の増幅回路を使用した**負帰還増幅回路**の構成を示す．増幅度A_vは正とし，Fは**帰還率**を示す．

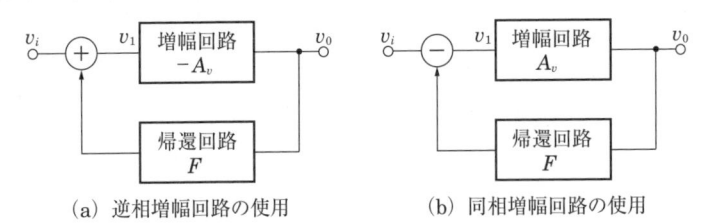

(a) 逆相増幅回路の使用　　　(b) 同相増幅回路の使用

図7.1 負帰還増幅回路の構成

図7.1(a)においては，式(7.1)が成立する．

$$\left. \begin{array}{l} v_1 = v_i + Fv_o \\ v_o = -A_v v_1 \end{array} \right\} \quad \cdots\cdots(7.1)$$

そして，v_1を消去すると式(7.2)が得られる．

$$A = \frac{v_o}{v_i} = -\frac{A_v}{1+A_v F} \quad \cdots\cdots(7.2)$$

A は，回路全体における電圧増幅度であり，$|1 + A_vF|>1$ の場合が**負帰還**，$|1 + A_vF|<1$ の場合が**正帰還**である．式(7.2)において，$A_vF \gg 1$ とすると，式(7.3)が得られる．

$$A = -\frac{1}{F} \quad \quad \quad (7.3)$$

これより，負帰還増幅回路の増幅度 A は，増幅回路の増幅度 A_v には無関係であり，電圧帰還率 F のみで決まることがわかる．一般に，**帰還回路**は抵抗やコンデンサなどの**受動素子**で構成されるので，安定した特性をもつ．つまり，増幅度 A の特性も安定したものとなる．

7.2 負帰還の効果

負帰還増幅回路では，電圧の**ひずみ**や**雑音**の軽減，**周波数特性**の改善が行われることをみてみよう．

図7.2に示す回路において，負帰還をかけない場合に出力に現れる**雑音電圧**（増幅回路自身で発生する雑音）を N_s，負帰還をかけた場合の雑音電圧を N_f とする．すると，帰還回路を経由して増幅回路に入力される雑音電圧は FN_f となり，増幅回路の出力からは $-A_vFN_f$ が得られる．負帰還増幅回路における全雑音は，N_s と $-A_vFN_f$ の和である．

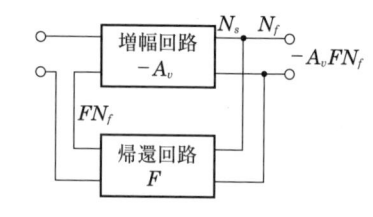

図7.2 雑音の軽減

$$N_f = N_s - A_vFN_f \quad \quad \quad (7.4)$$

式(7.4)を N_f について解けば式(7.5)が得られる．

$$N_f = \frac{N_s}{1 + A_vF} \quad \quad \quad (7.5)$$

つまり，雑音電圧は，負帰還の効果で $1/(1 + A_vF)$ 倍に軽減されていることがわかる．また，増幅回路で生じる，ひずみ電圧についても同様の効果を確認することができる．

しかし，負帰還を行うことで，式(7.2)が示すように，増幅度も元の$1/(1+A_vF)$倍に減少している．したがって，**信号対雑音比（S/N比）**は同じであることに注意する必要がある．つまり，負帰還増幅回路では，増幅度が低下するのと同じ割合で雑音やひずみも低下するのである．

次に，周波数特性の改善について考えよう．

高域周波数における電圧増幅度A_{vH}と，**高域遮断周波数**f_Hは，式(6.16)，(6.18)より，次のように表される．

$$A_{vH} = -g_m \frac{R}{1+j\omega CR} \quad \cdots\cdots\cdots(7.6)$$

$$f_H = \frac{1}{2\pi CR} \quad \cdots\cdots\cdots(7.7)$$

式(7.7)を式(7.6)に代入して，式(7.8)を得る．ただし，A_{vM}は中域周波数における電圧増幅度の大きさ，fは使用周波数である．

$$A_{vH} = -g_m \frac{R}{1+j\dfrac{f}{f_H}} = \frac{A_{vM}}{1+j\dfrac{f}{f_H}} \quad \cdots\cdots\cdots(7.8)$$

負帰還をかけた場合，高域周波数での電圧増幅度A_fは，次のようになる（式(7.2)参照）．

$$A_f = -\frac{A_{vH}}{1+A_{vH}F} \quad \cdots\cdots\cdots(7.9)$$

式(7.9)に式(7.8)を代入して整理すると，式(7.10)が得られる．

$$A_f = \frac{-A_{vM}}{1+A_{vM}F+j\dfrac{f}{f_H}} = \frac{1}{1+A_{vM}F} \frac{-A_{vM}}{1+j\dfrac{f}{f_H(1+A_{vM}F)}} \quad \cdots(7.10)$$

この式は，負帰還をかけた増幅器において，増幅度A_{vH}が$1/(1+A_{vM}F)$倍に低下する一方で，**高域遮断周波数**はf_Hの$(1+A_{vM}F)$倍に拡大されていることを示している．低域周波数においても，同様のことがいえるため，負帰還をかけた増幅度の**周波数特性**は，図7.3のように改善される．

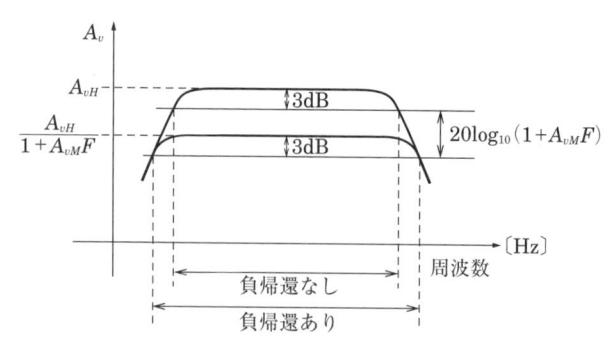

図 7.3 負帰還による周波数特性の改善

7.3 帰還増幅回路の種類

帰還のかけ方は，表7.1に示すような4種類がある．出力側の信号を並列に取り出す方式を**並列帰還**（**電圧帰還**）といい，直列に取り出す方式を**直列帰還**（**電流帰還**）という．

表 7.1 帰還増幅回路の種類

入力＼出力	並列帰還（電圧帰還）	直列帰還（電流帰還）
並列注入	①並列－並列	③直列－並列
直列注入	②並列－直列	④直列－直列

そして，帰還信号を入力側に並列に加える方式を**並列注入**，直列に加える方式を**直列注入**という．例えば，出力側の信号を並列に取り出して，入力側に帰還信号を直列に注入する増幅回路を，並列帰還直列注入帰還増幅回路（略して，**並列-直列帰還増幅回路**）と呼ぶ．

表7.1の②並列-直列増幅回路を例にして，入出力インピーダンスの変化について考えよう．各部の電圧，電流を図7.4に示すように定めると，入力インピーダンスZ_{if}は，式(7.11)で表される．

$$Z_{if} = \frac{v_i}{i_i} = \frac{v_1 - Fv_o}{i_i} = \frac{v_1}{i_i}\left(1 - F\frac{v_o}{v_1}\right) \quad \cdots\cdots(7.11)$$

負帰還をかけないときの入力インピーダンスZ_iと電圧増幅度A_vは次のようになるので，式(7.11)は，式(7.12)のように変形できる．

$$Z_i = \frac{v_1}{i_i}, \quad A_v = \frac{v_o}{v_1}$$

$$Z_{if} = Z_i(1 - A_v F) \quad \cdots(7.12)$$

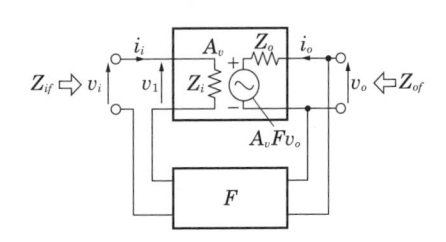

図7.4 並列-直列帰還増幅回路

つまり，負帰還をかけることで，入力インピーダンスZ_{if}は，元のインピーダンスZ_iの$|1 - A_v F|$倍に増加することがわかる．

次に，出力インピーダンスについて考えよう．図7.4において，出力電流i_oは，式(7.13)のように表される．

$$i_o = \frac{v_o - A_v F v_o}{Z_o} \quad \cdots\cdots(7.13)$$

したがって，負帰還をかけたときの出力インピーダンスZ_{of}は，式(7.14)のようになり，元のインピーダンスZ_oの$1/|1 - A_v F|$倍に減少する．

$$Z_{of} = \frac{v_o}{i_o} = \frac{Z_o}{1 - A_v F} \quad \cdots\cdots(7.14)$$

ほかの負帰還増幅回路についても同様に考えると，入力インピーダンスは，並列注入方式では減少，直列注入方式では増加することがわかる．また，出力イン

ピーダンスについては，並列帰還方式では減少，直列帰還方式では増加する．

7.4 実際の帰還増幅回路

実際の負帰還増幅回路をいくつかみてみよう．図7.5(a)に，トランジスタを使用した直列-直列帰還増幅回路を示す．図(b)は，帰還の様子をわかりやすくするために，交流分について表したものである．

（a）回路　　　　　　　　（b）交流分についての回路

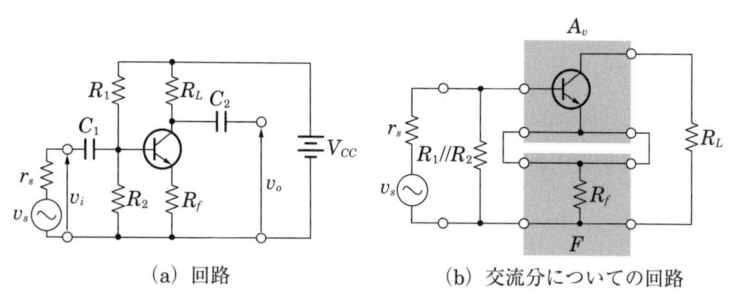

図7.5　直列-直列帰還増幅回路

図7.5(a)は，第3章で学んだ電流帰還バイアス回路（図3.8参照）において，バイパスコンデンサC_Eを取り外した回路に相当する．

図7.6(a)に，FETを使用した並列-並列帰還増幅回路を示す．図(b)は，帰還の様子をわかりやすくするために，交流分について表したものである．この回路について，電圧増幅度A_{vf}を考えてみよう．

（a）回路　　　　　　　　（b）交流分についての回路

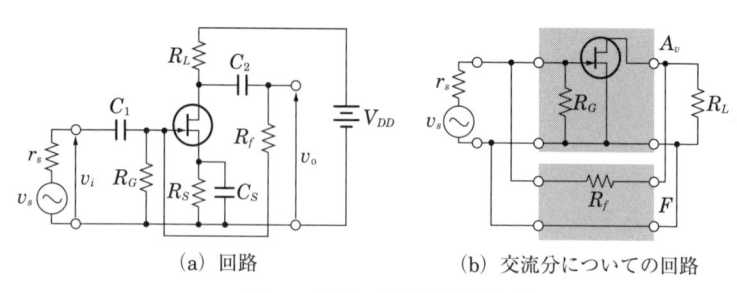

図7.6　並列-並列帰還増幅回路

図7.7に示す等価回路において，$R_f \gg R_L$，$R_G \gg r_s$とすると，式(7.15)が成り立つ．

$$v_o = \frac{-\mu v_{gs}}{r_d + R_L} \cdot R_L \quad \cdots\cdots(7.15)$$

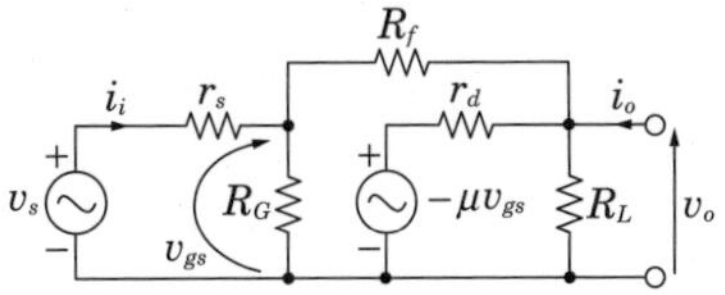

また，抵抗R_Gの端子電圧v_{gs}は，式(7.16)のようになる．

図7.7 並列－並列等価回路

$$\left.\begin{aligned} v_{gs} &= \frac{R_f /\!/ R_G}{r_s + R_f /\!/ R_G} v_s + \frac{r_s /\!/ R_G}{R_f + r_s /\!/ R_G} v_o \\ &\fallingdotseq v_s + \frac{r_s}{R_f} v_o \end{aligned}\right\} \quad \cdots\cdots\cdots\cdots(7.16)$$

これより，負帰還をかけたときの電圧増幅度A_{vf}は，式(7.17)で表される．

$$A_{vf} = \frac{v_o}{v_s} = \frac{-\mu R_L}{r_d + R_L} \cdot \frac{1}{1 + \dfrac{r_s}{R_f} \cdot \dfrac{\mu R_L}{r_d + R_L}} \quad \cdots\cdots\cdots\cdots(7.17)$$

負帰還をかけないときの電圧増幅度A_vを正として，式(7.17)に代入すると式(7.18)が得られる．

$$\begin{aligned} A_v &= \frac{\mu R_L}{r_d + R_L} \\ A_{vf} &= -A_v \frac{1}{1 + \dfrac{r_s}{R_f} \cdot A_v} \fallingdotseq -\frac{R_f}{r_s} \end{aligned} \quad \cdots\cdots\cdots\cdots(7.18)$$

7.5 エミッタフォロア

　一般の増幅回路では，入力インピーダンスは高く，出力インピーダンスは低いことが望ましい．したがって，この要求を満たす並列－直列帰還増幅回路が使用されることが多い．

　図7.5(a)において，$R_L = 0$として，出力電圧v_oをR_fの両端から取り出した回路を考える．図7.8(a)に回路，図(b)に交流分に対する等価回路を示す．この回路は，エ

ミッタから出力を取り出す，コレクタ接地方式の増幅回路となっている．このような回路を**エミッタフォロア**と呼ぶことは，第2章 (18ページ参照) で学んだ．

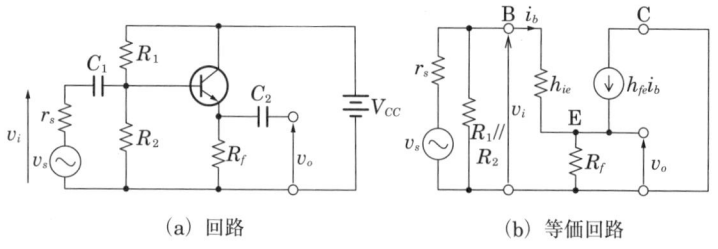

(a) 回路　　　　　　　　　　(b) 等価回路

図7.8 エミッタフォロア

図7.8(b)に示した等価回路では，出力電圧v_oを，抵抗R_fによってそのまま入力側に帰還している．つまり，帰還率Fが100％の並列-直列帰還増幅回路であると考えることができる．この回路の電圧増幅度と入出力インピーダンスを求めてみよう．図7.8(b)において，式(7.19)と式(7.20)が成立する．

$$v_i = h_{ie}i_b + R_f(i_b + h_{fe}i_b) \cdots\cdots(7.19)$$

$$v_o = R_f(i_b + h_{fe}i_b) \cdots\cdots(7.20)$$

したがって，電圧増幅度A_{vf}は，式(7.21)のようになる．

$$A_{vf} = \frac{v_o}{v_i} = \frac{R_f(1+h_{fe})}{h_{ie} + R_f(1+h_{fe})} \cdots\cdots(7.21)$$

ここで，$R_f(1+h_{fe}) \gg h_{ie}$とすると，$A_{vf} \fallingdotseq 1$となる．また，式(7.22)で表される入力インピーダンスZ_{if}は，h_{ie}よりも相当大きくなる．

$$Z_{if} = \frac{v_i}{i_b} = h_{ie} + R_f(1+h_{fe}) \cdots\cdots(7.22)$$

次に，出力インピーダンスを求めるために**テブナンの定理**を使用する．出力端子をオープンにしたときの電圧をv，R_fをショートしたときの**短絡電流**をi_sとすると，式(7.23)が成り立つ．

$$\left.\begin{aligned}v &= v_o = A_{vf}v_i = v_i \\ i_s &= i_b + h_{fe}i_b = (1+h_{fe})\frac{v_i}{h_{ie}}\end{aligned}\right\} \cdots\cdots(7.23)$$

$A_{vf} \fallingdotseq 1$ であることから，式(7.24)で表される出力インピーダンス Z_{of} は，h_{ie} よりも相当小さくなることがわかる．

$$Z_{of} = \frac{v}{i_s} = \frac{h_{ie}}{1+h_{fe}} \quad \cdots\cdots\cdots\cdots\cdots\cdots\cdots\cdots\cdots\cdots\cdots\cdots\cdots\cdots(7.24)$$

エミッタフォロアは，理想的な入出力インピーダンスをもつ，増幅度1の回路であるために，相互の影響なく2つの異なった回路を結合する場合などに使用できる．このような増幅器を，**緩衝増幅器**またはバッファと呼ぶ．

7.6 ダーリントン接続

2個のトランジスタを，図7.9に示すように結線する方法を，**ダーリントン接続**という．図において，Tr_1 と Tr_2 のコレクタ電流の和 i_c は，次式で表される．

$$i_c = h_{fe1} i_b + h_{fe2}(1+h_{fe1})i_b$$
$$= i_b\{(h_{fe1}+1)(h_{fe2}+1)-1\} \quad \cdots(7.25)$$

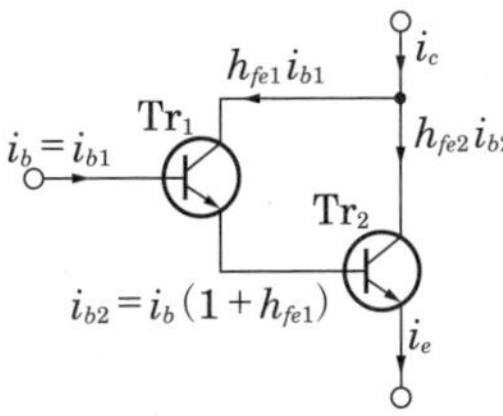

これより，接続回路全体の電流増幅率 h_{fe} は，式(7.26)のようになる．

図 7.9 ダーリントン接続

$$h_{fe} = \frac{i_c}{i_b} = (h_{fe1}+1)(h_{fe2}+1)-1$$
$$\fallingdotseq h_{fe1} \cdot h_{fe2} \quad \cdots\cdots\cdots\cdots\cdots\cdots\cdots\cdots\cdots\cdots\cdots\cdots\cdots(7.26)$$

このように，ダーリントン接続では，h_{fe} が非常に大きな値となるために，電力増幅回路などに使用される．また，この接続は，入力側からみると Tr_2 の入力抵抗が直列注入，出力側からみると Tr_1 の出力抵抗が並列帰還をする働きをしている．したがって，並列-直列帰還増幅回路の一種と考えることができる．

●演習問題7●

[1] 図7.10において，負帰還増幅を行った際の電圧増幅度 A_{vf} を示しなさい．

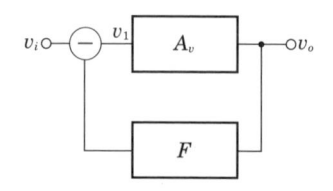

図 7.10　負帰還増幅回路

[2] 図7.10において，同相ではなく，逆相の増幅回路を使用するとどうなるか，簡単に説明しなさい．
[3] 負帰還増幅の長所と短所について簡単に説明しなさい．
[4] 各種の負帰還増幅回路の入出力インピーダンスについて，表7.2を完成しなさい．ただし，「増加」か「減少」のどちらかの語句を記入すること．

表 7.2　入出力インピーダンス

帰還方式	入力インピーダンス	出力インピーダンス
並列−並列		
並列−直列		
直列−並列		
直列−直列		

[5] エミッタフォロア回路の特徴と用途について簡単に説明しなさい．
[6] 2個のトランジスタをダーリントン接続した場合の電流増幅率 h_{fe} について説明しなさい．

第8章
電力増幅回路

これまで学んだ小信号を増幅する回路は，電流または電圧の増幅を目的としているために，例えばスピーカなどを十分な音量で鳴らすことはできない．スピーカを十分な音量で鳴らすためには，電力増幅回路が必要となる．この章では，各種の電力増幅回路の特徴などについて学ぼう．

8.1 電力増幅回路の基礎

電力増幅回路では，大きな出力を得るためにトランジスタを**最大定格**内の広い領域で動作させる．図8.1に，小信号増幅と電力増幅の特性例を示す．

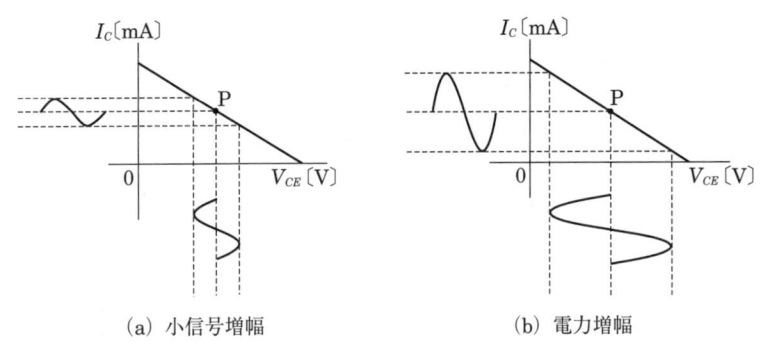

(a) 小信号増幅　　(b) 電力増幅

図 8.1　$V_{CE} - I_C$ 特性の例

このように，電力増幅回路においては，トランジスタの電圧や電流の変化量が大きいので，等価回路による線形の解析は困難となる．そのため，特性曲線を用いた解析が一般的である．

また，トランジスタに大きなコレクタ電流I_Cを流すために，I_Cとコレクタ-エミッタ間電圧V_{CE}の積で表される**コレクタ損失**P_Cによるトランジスタ内部の**発熱問題**が無視できなくなる．

トランジスタを破壊せずに，回路を動作させるためには，図8.2(a)に示すように，I_CとV_{CE}および，P_Cの最大定格内で使用しなければならない．

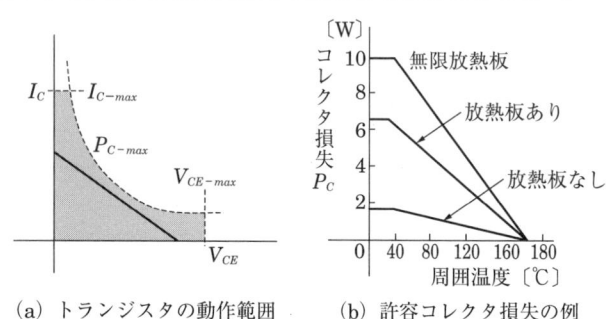

(a) トランジスタの動作範囲　　(b) 許容コレクタ損失の例

図 8.2　電力増幅用トランジスタの特性

ここで，トランジスタが耐えることのできる**許容コレクタ損失**は，図8.2(b)に示すように周囲温度や**放熱板（ヒートシンク）**の有無によって変化するので注意が必要である．特に放熱板は，許容コレクタ損失の増大に寄与するために，できるだけ使用するようにしたい．

図8.3(a)に小信号用トランジスタ，図(b)に電力増幅用トランジスタ，図(c)に放熱板の外観例を示す．

(a) 小信号用（2SC1815）　　(b) 電力増幅用（2SD880）　　(c) 放熱板

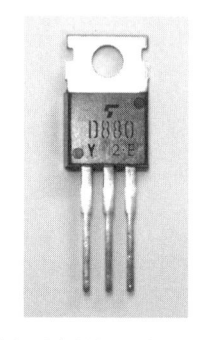

図 8.3　トランジスタと放熱板

表8.1に，小信号用と電力増幅用トランジスタの**最大定格**の例を示す．コレクタ電流とコレクタ損失の値が大きく異なっている点に注目しよう．

表 8.1　最大定格の比較(25℃)

最大定格	小信号用(2SC1815)	電力増幅用(2SD880)
コレクターエミッタ間 電圧 V_{CE}	50V	60V
コレクタ 電流 I_C	0.15A	3A
コレクタ 損失 P_C	0.4W(放熱板なし)	30W(無限放熱板)

この他，電力増幅回路に要求される事項には，出力電力と電源から供給する電力の比である**電力効率**（電源効率）η がよいこと，出力信号にひずみが少ないことなどがある．

低周波用の電力増幅回路には，トランジスタが常に動作するA級電力増幅回路と複数のトランジスタが交互に動作するB級プッシュプル電力増幅回路がよく使用される．

8.2 A級電力増幅回路

図8.4(a)に，A級電力増幅回路を示す．回路の出力に接続するスピーカのインピーダンス R_s は，数Ω～数十Ω程度であるから，出力トランスを用いてインピーダンス整合をとるのが一般的である．

(a) 回路　　　　　　(b) インピーダンスの整合

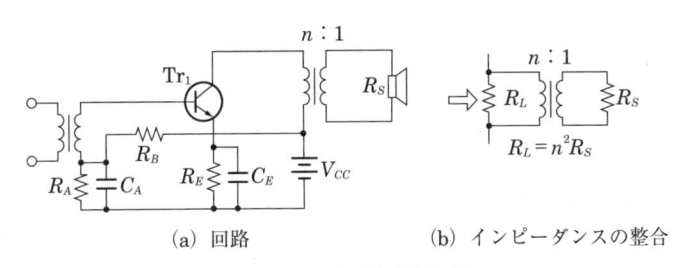

図 8.4　A級電力増幅回路

出力トランスの巻数比を $n:1$ とすると，1次側（入力側）からみたインピーダンスは，トランスの性質から，式(8.1)のようになる．

$$R_L = n^2 R_s \quad \cdots\cdots\cdots\cdots\cdots\cdots\cdots\cdots\cdots\cdots\cdots\cdots\cdots\cdots\cdots\cdots\cdots\cdots(8.1)$$

つまり，トランスの**巻数比**nを選択することによって，図8.4(b)に示すように，任意のインピーダンス整合をとることが可能である．

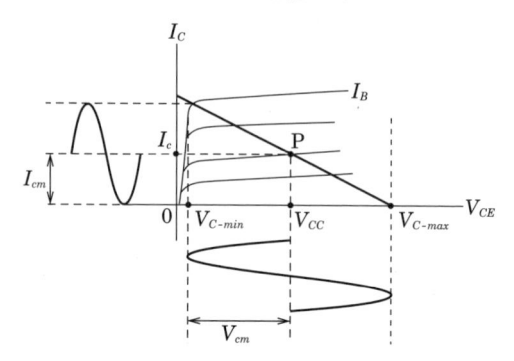

図 8.5 A級電力増幅回路の動作特性

図8.5に，**A級電力増幅回路**の動作特性を示す．**動作点**Pは，負荷線のほぼ中心に設定する．直流入力と交流出力は式(8.2)，(8.3)のようになる．

$$\text{直流入力} = V_{CC} \times I_c \quad \cdots\cdots\cdots\cdots\cdots\cdots\cdots\cdots\cdots\cdots\cdots\cdots\cdots(8.2)$$

$$\text{交流出力} = \frac{V_{cm}}{\sqrt{2}} \times \frac{I_{cm}}{\sqrt{2}} = \frac{V_{cm} \times I_{cm}}{2} \quad \cdots\cdots\cdots\cdots\cdots\cdots\cdots(8.3)$$

トランジスタの飽和特性のために生じる電圧V_{C-min}は，非常に小さい値なので0とみなすと，$V_{cm} \fallingdotseq V_{CC}$，$I_{cm} \fallingdotseq I_c$が成立するので，電力効率$\eta$は，式(8.4)のようになる．

$$\eta = \frac{\text{交流出力}}{\text{直流入力}} = \frac{V_{cm} I_{cm}}{2 V_{CC} I_c} \fallingdotseq \frac{1}{2} = 50\% \quad \cdots\cdots\cdots\cdots\cdots\cdots(8.4)$$

実際の回路では，トランジスタの内部抵抗やトランスの巻線抵抗などによる損失が発生するので，電力効率ηは，50％以下になってしまう．

図8.5においては，V_{C-max}が電源電圧V_{CC}よりも大きくなっているのは，トランスのコイルに発生する**逆起電力**v_Lのためである．コレクタ電流が減少するときには，コイルには電流の減少を妨げる向きの起電力が発生し，$v_{CE} = V_{CC} + v_L$となる．したがって，コレクタ電圧は，電源電圧よりも高くなるので，最大定格に注意してトランジスタを選択する必要がある．

A級電力増幅回路は，動作点を負荷線のほぼ中心に設定するため，ひずみの少ない正弦波出力を得ることができる反面，常に直流電流を流しているので電力効率はよくない．

8.3 B級プッシュプル電力増幅回路

図8.6に，B級電力増幅回路の動作特性を示す．動作点Pをバイアスが0になる位置に設定する．したがって，入力信号の半周期のみでコレクタ電流が流れるために，A級増幅回路と比べると，**平均電流**が小さくなる利点がある．

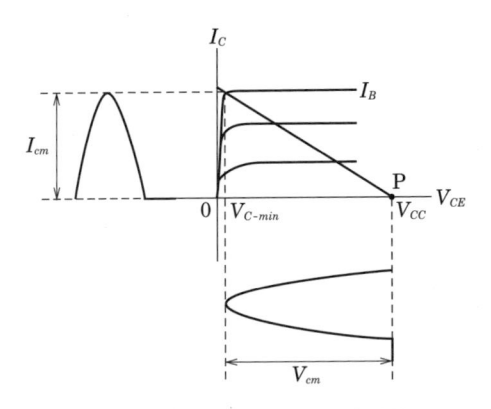

図 8.6　B級電力増幅回路の動作特性

この回路では，出力信号も半波となるので，特性の揃った2個のトランジスタを対称に配置して，出力信号が全波となるように工夫したのが，図8.7に示す**B級プッシュプル電力増幅回路**である．

B級プッシュプル電力増幅回路では，入力トランスT_1によって，入力信号を互いに逆相で振幅の等しい信号に分離し，トランジスタTr_1とTr_2に入力する．

したがって，各トランジスタのベースには入力信号が半周期ずつ流れ，コレクタ電流は互いに逆向きとなり，出力トランスT_2で合成された出力信号は，全波の正弦波となる．この回路の動作特性を図8.8に示す．このように，トランスを用いたプッシュプル電力増幅回路を，**DEPP**（double ended push–pull）**方式**という．

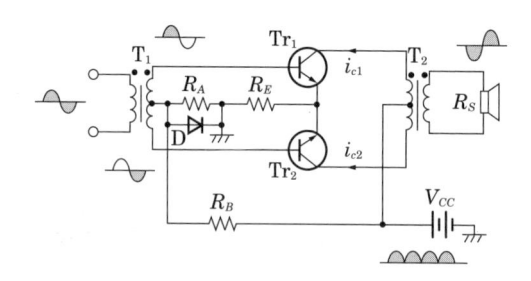

図8.7 B級プッシュプル電力増幅回路（DEPP方式）

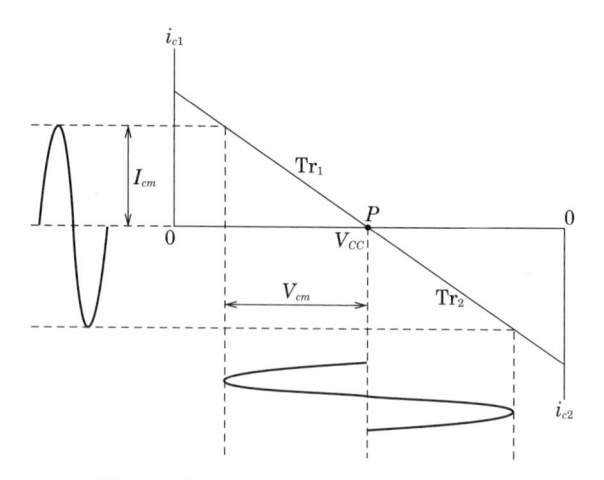

図8.8 B級プッシュプル電力増幅回路の動作特性

　実際には，トランジスタのV_{BE}-I_B特性によって，ベース－エミッタ間に約0.6V以上の電圧をかけなければベース電流I_Bは流れない．このために，図8.9に示すように，出力信号がひずんでしまう．このひずみは，**クロスオーバひずみ**と呼ばれる．クロスオーバひずみを取り除くためには，入力信号が0のときに，わずかなバイアス電圧を加えることが必要となる．図8.7では，抵抗R_AとR_Bによってわずかなバイアス電圧をかけることでクロスオーバひずみを減少させている．

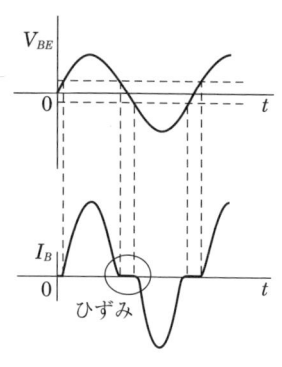

図8.9 クロスオーバひずみ

R_Aと並列に接続してあるバリスタダイオードは，トランジスタのV_{BE}の温度特性を補償するものであり，温度上昇によりV_{BE}が減少した場合にバリスタの抵抗値が減少することを利用して，バイアスを一定に保つ働きをしている．また，抵抗R_Eは，安定抵抗（25ページ参照）であるのと同時に，負帰還をかけてひずみを減少させる働きをしている．

次に，B級プッシュプル電力増幅の電力効率ηについて考えてみよう．

図8.8において，平均直流電流は，式(8.5)のようになる．

$$\overline{I_{cm}} = \frac{2}{\pi} I_{cm} \quad \cdots\cdots(8.5)$$

他方のトランジスタにも同様の電流が流れるので，電源は常に式(8.5)の直流電流を供給している．直流入力と交流出力は，式(8.6)，(8.7)のようになり，V_{cm}を直流電圧V_{CC}いっぱいに選べば，$V_{cm} \fallingdotseq V_{CC}$となる．

$$\text{直流入力} = V_{CC} \times \overline{I_{cm}} \quad \cdots\cdots(8.6)$$

$$\text{交流出力} = \frac{V_{cm}}{\sqrt{2}} \times \frac{I_{cm}}{\sqrt{2}} = \frac{V_{cm} \times I_{cm}}{2} \quad \cdots\cdots(8.7)$$

したがって，電力効率ηは，式(8.8)で表される．

$$\eta = \frac{\dfrac{V_{cm} I_{cm}}{2}}{V_{CC} \dfrac{2 I_{cm}}{\pi}} = \frac{\pi}{4} = 78.5\% \quad \cdots\cdots(8.8)$$

このように，B級プッシュプル電力増幅回路では，A級電力増幅回路に比べると電力効率がよく，比較的小型のトランジスタを用いた場合でも，大きな出力を得ることができる．しかし，2個のトランジスタの特性が揃っていない場合には，ひずみが増加してしまう．

8.4 SEPP電力増幅回路

図8.7に示したDEPP方式の電力増幅回路では，出力トランスを使用する必要があった．電力増幅では，大きなコレクタ電流が流れるために，出力トランスの

1次側（入力側）巻線が太くなり，重量や価格の面で不利となってしまう．そこで，考案されたのが，出力トランスを使用しない **SEPP** (single ended push-pull) **方式**である．図8.10(a)に示すように，DEPP方式では，トランジスタが負荷に対しては直列，電源に対しては並列に接続された回路であると考えることができる．図8.10(a)では，出力トランスの2次側（出力側）の負荷を，1次側（入力側）の2個の負荷に置き換えてある．もしも，出力トランスを使用しないのならば，これらの負荷を1個にまとめる必要がある．

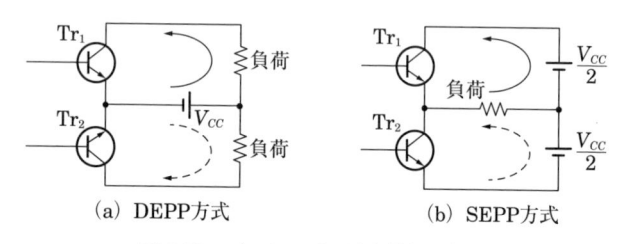

(a) DEPP方式　　(b) SEPP方式

図 8.10　プッシュプル電力増幅の考え方

一方，図8.10(b)に示したSEPP方式は，トランジスタが負荷に対しては並列，電源に対しては直列に接続された回路であり，信号の半周期分ごとに1個の負荷にトランジスタからの電流を流すようにしている．この回路では，電源が2個必要となってしまい都合が悪い．したがって，実際の回路では，図8.11に示すようにコンデンサ C を接続した充放電回路を使用して，電源を1個で済ませている．

Tr_1 が動作（導通）するときには，Tr_2 は動作せず（遮断），C には電荷が蓄えられる．そして，次の半周期分では，Tr_1 は動作せず，Tr_2 が動作し，C に蓄えられた電荷が逆向きに放電される．このようにして，負荷には交流が流れる．

図8.12に，SEPP方式を用いたB級プッシュプル電力増幅回路を示す．トランジスタの入力には，同一振幅で位相が逆の信号を加える．

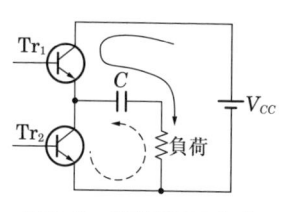

図 8.11　1電源SEPP方式

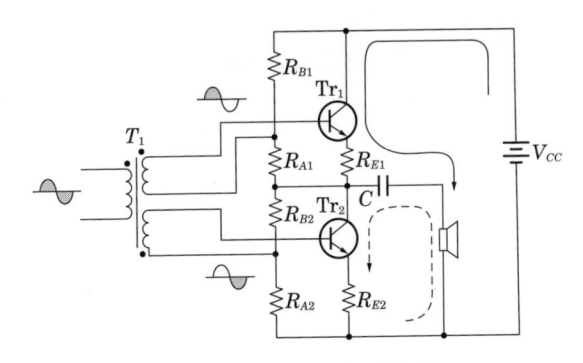

図 8.12　SEPP方式電力増幅回路

SEPP方式は，**OTL**（output transformer less）**方式**と呼ばれることもある．

さらに，入力トランスを使用しない回路もある．図8.13は，異なった極（pnp形とnpn形）のトランジスタを使用したSEPP方式の回路の考え方である．この回路は，**コンプリメンタリ回路（相補対称回路）**という．

コンプリメンタリ回路では，入力信号の正の半周期でpnp形のTr_1がOFFとなり，npn形のTr_2はONとなる．そして，次にくる負の半周期でTr_1がONとなり，Tr_2はOFFとなる．このように，トランジスタの極性を使用してプッシュ

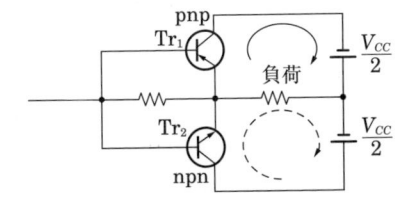

図 8.13　コンプリメンタリ回路

プル動作を行わせるために，入力トランスは不要となる．ただし，使用する2個のトランジスタの極性は異なっているが，特性は揃っている必要がある．

この回路は，トランスを使用しないために，周波数特性が向上するので，**オーディオ用増幅回路**や，オペアンプ（第10章参照）の出力回路などによく用いられている．

● 演習問題8 ●

[1] 電力増幅回路に使用するトランジスタでは，放熱板を取り付けることが好ましい理由を説明しなさい．
[2] 図8.14に示すように，出力抵抗3kΩの電力増幅回路に入力インピーダンス8Ωのスピーカを接続するためには，出力トランスの巻線比をいくらにすればよいか．

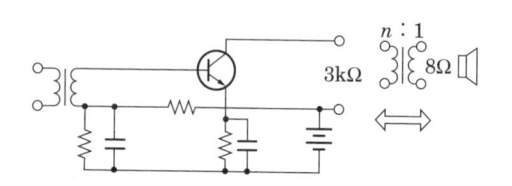

図8.14 出力トランスの巻線比

[3] A級電力増幅回路の短所について説明しなさい．
[4] B級プッシュプル電力増幅回路の長所について説明しなさい．
[5] B級プッシュプル電力増幅回路において，DEPP方式とSEPP方式の違いについて説明しなさい．
[6] クロスオーバひずみの発生する原因と，それを除去する方法について説明しなさい．
[7] A級電力増幅回路において，電源電圧12V，出力インピーダンス3kΩである場合に，動作点Pのコレクタ電流を求めなさい．また，このときの最大出力は何mWになるか．
[8] B級プッシュプル電力増幅回路（DEPP方式）において，電源電圧12Vで最大出力3Wを得るためには，負荷抵抗（図8.10(a)参照）の値を何Ωにすればよいか．
[9] 図8.12に示したSEPP方式電力増幅回路において，コンデンサCはどのような働きをしているのか説明しなさい．

第9章
高周波増幅回路

ここでいう高周波とは，数kHz以上の周波数，例えば，ラジオが受信する電波の周波数（AM放送で数百kHz以上，FM放送で数十MHz以上）などを指す．高周波では，低周波では考えなくてもよかったトランジスタの接合容量や電流増幅率の周波数特性などの影響が無視できなくなってくる．この章では，特定の高い周波数帯域を効果的に増幅する回路についての基礎を学ぼう．

9.1 高周波用トランジスタの選定

図9.1に，トランジスタの周波数−電流増幅率特性の例を示す．トランジスタの電流増幅率h_{fe}は，周波数が高くなるにつれて減少するが，h_{fe}が1になる周波数を，**トランジション周波数**f_Tという．f_Tは，トランジスタによって電流増幅が行われる最高の周波数であり，高域遮断周波数f_Hとは，近似的に式(9.1)の関係がある．

$$f_T \fallingdotseq h_{fe} \times f_H \quad\cdots\cdots\cdots(9.1)$$

また，図9.2に示すように，実際のトランジスタは，エミッタ−ベース間とベ

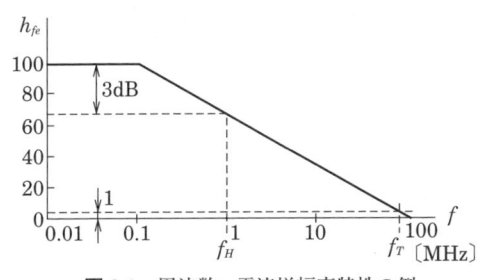

図9.1 周波数−電流増幅率特性の例

ース-コレクタ間の pn 接合による静電容量をもっている．抵抗 r_b は，ベースの幅が非常に狭いことから生じるもので，**広がり抵抗**と呼ばれている．これら，C_{ie}，C_{ob}，r_b を**寄生素子**，寄生素子を取り除いたトランジスタを**真性トランジスタ**と呼ぶ．寄生素子の中で，コレクタ出力容量 C_{ob} は，出力側から入力側への**帰還容量**となり，位相の状態によっては回路を

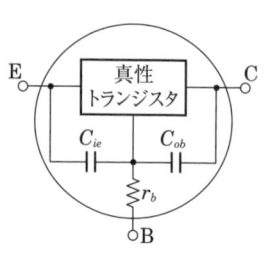

図 9.2　真性トランジスタと寄生素子

発振させてしまう場合がある．したがって，高周波増幅回路に使用するトランジスタには，h_{fe} や f_T が大きく，C_{ob} が小さいものを選ぶ必要がある．トランジスタの型番では，2SB と 2SD タイプが**低周波用**，2SA と 2SC タイプが**高周波用**である．表 9.1 に，いくつかのトランジスタの規格例を示す．

表 9.1　トランジスタの規格例

規　格	2SB1375 （低周波用）	2SC1815 （高周波用）	2SC3946 （高周波用）
直流電流増幅率 h_{FE}	100〜320	70〜700	40〜250
トランジション周波数 f_T〔MHz〕	9	80	50
コレクタ出力容量 C_{ob}〔pF〕	50	3.5	5
最大コレクタ損失 P_c〔W〕	2	0.4	2

さらに，高周波で使用する**コンデンサ**は，フィルム形やマイラ形を避けるべきである．これらのコンデンサは，絶縁体を導体で巻き込んだ構造になっているため，高周波ではインダクタンスの性質をもってしまうからである．したがって，高周波用には，セラミック形などのコンデンサを使用する．

9.2 共振と同調

例えば，ラジオのように広い周波数帯域の中から，特定の放送局を選択して受信する場合などには，**共振現象**を利用した**同調回路**が使用される．ここでは，共振の原理と同調回路の基礎について学ぼう．

図 9.3 に，コイル L とコンデンサ C の**並列共振回路**

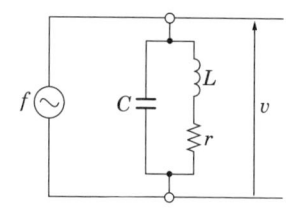

図 9.3　並列共振回路

を示す．抵抗rは，コイルの内部抵抗である．この回路のインピーダンスZは，式(9.2)のようになる．ここで，$\omega L \gg r$とすると，Zは，式(9.3)のように近似できる．

$$Z = \frac{\dfrac{r+j\omega L}{j\omega C}}{r+j\left(\omega L - \dfrac{1}{\omega C}\right)} = \frac{\dfrac{L}{C}\left(1+\dfrac{r}{j\omega L}\right)}{r+j\left(\omega L - \dfrac{1}{\omega C}\right)} \quad \cdots\cdots(9.2)$$

$$Z \fallingdotseq \frac{L}{C}\frac{1}{r+j\left(\omega L - \dfrac{1}{\omega C}\right)} \quad \cdots\cdots(9.3)$$

式(9.3)において，Zが最大となる条件は，式(9.4)であり，このときの周波数f_0は，式(9.5)のようになる．

$$\omega L - \frac{1}{\omega C} = 0 \quad \cdots\cdots(9.4)$$

$$f_0 = \frac{1}{2\pi\sqrt{LC}} \quad \cdots\cdots(9.5)$$

f_0を**共振周波数**と呼び，回路に加える電源の周波数がf_0のときに，回路のインピーダンスと端子電圧vは最大となる．したがって，LとCの値を適切に定めることで，任意の周波数を含んだ信号を取り出すことができる．このように，回路のインピーダンスが最大（LC直列回路においては最小）となるのが**共振現象**である．共振現象を使用して，任意の周波数を選択する回路を**同調回路**という．ラジオなどの同調回路では，Cに**可変コンデンサ（バリコン）**を使用して，目的の放送局の周波数を選択することが多い．図9.4に，ラジオの同調回路の例を示す．

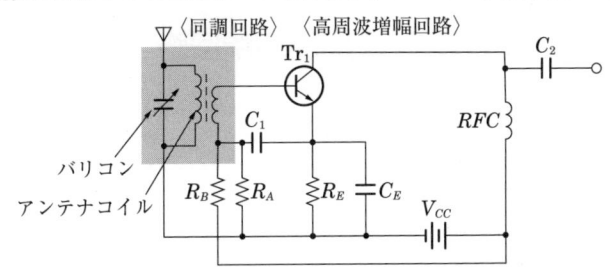

図9.4 ラジオの同調回路の例

また，式(9.6)で示されるRは共振インピーダンス，式(9.7)で示されるQ_0は共振回路の鋭さを表す量である．ここで，ω_0は，共振時の**角周波数**である．

$$R = \frac{L}{Cr} \quad \cdots\cdots\cdots\cdots\cdots\cdots\cdots\cdots\cdots\cdots\cdots\cdots\cdots\cdots\cdots (9.6)$$

$$Q_o = \frac{\omega_o L}{r} = \frac{1}{\omega_o Cr} = \frac{1}{r}\sqrt{\frac{L}{C}} \quad \cdots\cdots\cdots\cdots\cdots\cdots (9.7)$$

Q_oの値による，周波数−インピーダンス特性を図9.5に示す．Q_oが大きくなるにつれて，回路の周波数帯域は狭くなる．つまり，回路の**周波数選択性**はよくなる．

図9.6(a)に，理想的な高周波増幅回路での周波数−増幅度特性を示すが，実際の回路では，図(b)に示すような特性となる．

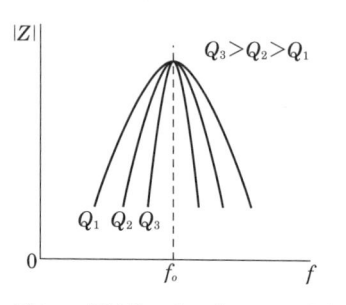

図9.5 周波数−インピーダンス特性

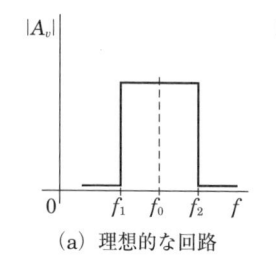

図9.6 周波数−増幅度特性
(a) 理想的な回路
(b) 実際の回路

9.3 単同調増幅回路

多段の高周波増幅を行う場合，結合回路に1個の同調回路を使用するものを**単同調増幅回路**という．図9.7に単同調増幅回路を示す．この回路は，第6章（図6.2参照)で学んだRC結合増幅回路において，コレクタ抵抗R_{C1}をLC並列共振回路に置き換えたものと考えることができる．

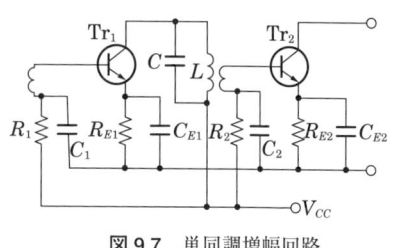

図9.7 単同調増幅回路

単同調増幅回路の帯域幅を求めてみよう．高周波回路では，トランジスタの出力容量C_oや入力容量C_iを考慮する必要がある．図9.8に，これらを含めたyパラメータ（図4.10参照）による等価回路を示す．

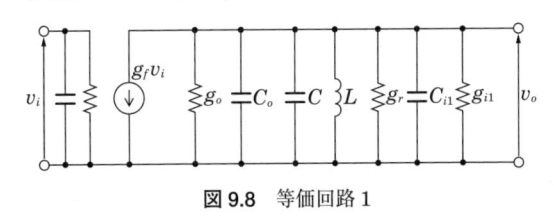

図9.8 等価回路1

図9.8で，コンダクタンスg_rは，コイルLの内部抵抗rを直並列変換した（演習問題9-[5]参照）ものであり，C_{i1}，g_{i1}はトランスの巻線比によって2次側の入力容量C_iと入力コンダクタンスg_iを1次側に変換した値である．等価回路のコンダクタンスと容量を式(9.8)のようにまとめて考えると図9.9の等価回路が得られる．

$$\left.\begin{array}{l} g_T = g_o + g_r + g_{i1} \\ C_T = C_o + C + C_{i1} \end{array}\right\} \quad \cdots\cdots\cdots\cdots (9.8)$$

計算が長くなるために途中経過を省略するが，回路の合成インピーダンスZは，式(9.9)のようになる．

図9.9 等価回路2

$$Z = \frac{1}{g_T(1 + j2Q_L\delta)} \quad \cdots\cdots\cdots\cdots (9.9)$$

$$\left.\begin{array}{l} \delta = \dfrac{f - f_o}{f_o} = \dfrac{\Delta f}{f_o} \\ Q_L = \dfrac{\omega_o C_T}{g_T} = \dfrac{1}{\omega_o L g_T} \end{array}\right\} \quad \cdots\cdots\cdots\cdots (9.10)$$

ここで，δは**帯域幅B**と共振周波数f_oの比を表すため**比帯域幅**であり，Q_Lはf_oとBから決まる**負荷Q**と呼ばれ，式(9.10)で表す．Q_Lが，式(9.7)で示したQと異なる形に見えるのは，コイルの内部抵抗rを**直列並列変換**により，$g_r = r/\omega^2 L^2$としたことによる．回路のQ_Lが高すぎる場合には，回路に並列抵抗を挿入して調整することができる．この方法を**Qダンプ**という．

さて，回路の増幅度A_vは，以下のように計算できる．

$$v_o = -g_f v_i Z \quad \cdots\cdots\cdots\cdots (9.11)$$

$$A_v = \frac{v_o}{v_i} = -g_f Z = \frac{-g_f}{g_T(1+j2Q_L\delta)} \quad \cdots\cdots(9.12)$$

$|A_v|$の最大値である$|A_{vo}|$は，インピーダンスZが最大のときの増幅度であるから，式(9.13)のように表される．

$$A_{vo} = -\frac{g_f}{g_T} \quad \cdots\cdots(9.13)$$

したがって，$|A_v|$は，式(9.14)のようになる．

$$|A_v| = \left|\frac{A_{vo}}{1+j2Q_L\delta}\right| = \frac{A_{vo}}{\sqrt{1+\left(\frac{2Q_L\Delta f}{f_o}\right)^2}} \quad \cdots\cdots(9.14)$$

図9.10に示すように，$|A_{vo}|$が**3dBダウン**，つまり$1/\sqrt{2}$倍になる周波数帯域がBであるから，式(9.14)より，次式が導かれる．

$$\left(\frac{2Q_L\Delta f}{f_o}\right)^2 = 1 \quad \cdots\cdots(9.15)$$

$$\Delta f = \frac{f_o}{2Q_L} \quad \cdots\cdots(9.16)$$

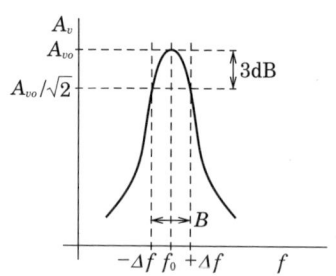

図9.10 単同調回路の周波数特性

これより，帯域幅Bは，式(9.17)のように表される．

$$B = 2\Delta f = \frac{f_o}{Q_L} \quad \cdots\cdots(9.17)$$

ここでは，トランジスタを使用した場合について考えたが，FETを使用すれば，入力抵抗が高いために**周波数選択性**がさらに向上する．

9.4 複同調増幅回路

多段の高周波増幅を行う場合，結合回路に2個の同調回路を使用するものを**複同調増幅回路**という．この回路は，単同調増幅回路に比べて，周波数帯域が広く，周波数選択性も鋭いため，特に高性能さが要求される高周波増幅回路に使用され

(a) 電磁結合　　　　　　(b) 静電結合

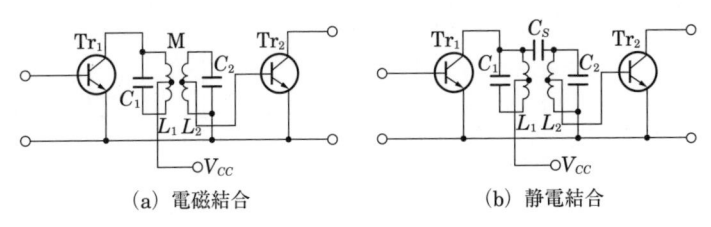

図 9.11 複同調増幅回路の例

る．図9.11に，複同調増幅回路の例を示す．

複同調増幅回路では，増幅度$|A_v|$が，式(9.18)で表されるために，**帯域幅B**は，式(9.19)より式(9.20)のように計算できる．これより，複同調増幅回路では，単同調増幅回路よりも帯域幅Bが$\sqrt{2}$倍に広がることがわかる．

$$|A_v| = \frac{A_{vo}}{\sqrt{1 + 4Q_L^4 \left(\frac{\Delta f}{f_o}\right)^4}} \quad \cdots (9.18)$$

$$4Q_L^4 \left(\frac{\Delta f}{f_o}\right)^4 = 1 \quad \cdots\cdots (9.19)$$

$$B = 2\Delta f = \sqrt{2}\,\frac{f_o}{Q_L} \quad \cdots\cdots (9.20)$$

図 9.12 複同調回路の周波数特性

また，図9.12に，複同調増幅回路の周波数特性を示す．ただし，kはコイルの**結合係数**である．曲線は$kQ_L = 1$の場合に，ピークが1カ所にある単峰特性での最大増幅度となるために，この場合を**臨界結合**という．$kQ_L < 1$の場合を**疎結合**といい，単峰特性で増幅度は低下していく．そして，$kQ_L > 1$の場合を**密結合**といい，双峰特性でf_oの増幅度は低下していく．

9.5 中和回路

82ページで，コレクタ出力容量C_{ob}が，出力側から入力側への帰還容量となってしまうことを学んだ．このことについて考えてみよう．図9.13(a)に，同調回路の一部，図(b)にその等価回路を示す．

(a) 同調回路の一部　　　　(b) 等価回路

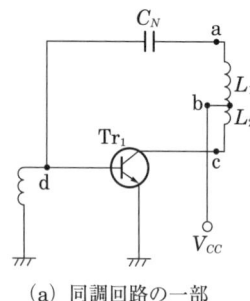

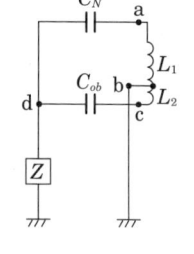

図 9.13　中和回路

図9.13(b)において，C_{ob}を経由してインピーダンスZに帰還電流が流れるとベース電圧が生じて，帰還がかかってしまう．これを避けるためには，C_{ob}を流れる電流すべてがコンデンサC_Nに流れ込むような**中和回路**を構成すればよい．図(b)は，図9.14に示すブリッジ回路と考えることができるので，インピーダンスZ（端子d–b間）に電流が流れなくするには，ブリッジ回路の**平衡条件**である式(9.21)が成立すればよい．

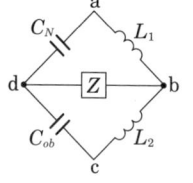

$$C_N = C_{ob} \frac{L_2}{L_1} \quad \cdots\cdots\cdots\cdots\cdots\cdots\cdots(9.21)$$

図 9.14　ブリッジ回路

このように，帰還電圧を生じさせないために接続するコンデンサC_Nを，**中和コンデンサ**と呼ぶ．また，帰還電圧が生じていない場合を，**単方向化された回路**という．

9.6 中間周波増幅回路

図9.15に，ラジオの構成例を示す．アンテナから入力した高周波信号の中から同調回路によって受信したい放送局の周波数fを選択する．その後，スピーカを鳴らすために各種の増幅回路を使用する．

しかし，選択した周波数fの信号をそのまま増幅するのではなく，**局部発振回路**と**周波数変換回路**によって，**中間周波数**と呼ばれる周波数の信号に変換する．

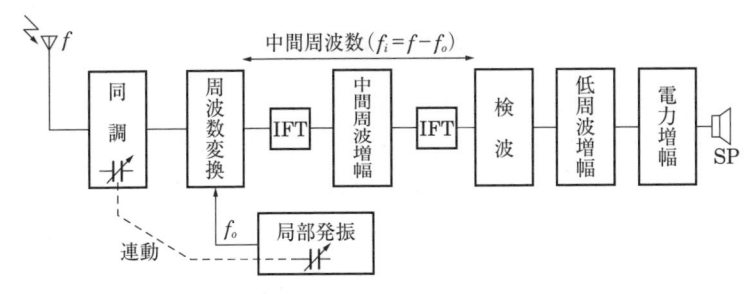

図 9.15 ラジオの構成例（スーパーヘテロダイン方式）

この周波数は**AM放送**の場合455kHz，**FM放送**の場合10.7MHzとするのが一般的であり，どのような周波数の放送局を選択しても，中間周波数は一定にする．このため，同調回路と局部発振回路の可変コンデンサは連動するように構成している．このような方式のラジオを，**スーパーヘテロダイン方式**という．

スーパーヘテロダイン方式では，中間周波数が一定であるために，特定の周波数に同調した増幅回路を構成すればよい．また，中間周波数は，受信周波数よりも低いために，増幅度の低下が少ない利点がある．**中間周波増幅回路**に使用する結合コイルは，**中間周波トランス**（**IFT**: intermediate frequency transformer）という．IFTは，ラジオの性能を大きく左右する重要な部品であり，ほかからの影響を受けないように，図9.16に示すように，**シールドケース**に格納して使用するのが一般的である．

図 9.16 IFTの外観

●演習問題9●

[1] トランジスタの寄生素子について説明しなさい．
[2] 高周波用トランジスタを選ぶ際の留意点について説明しなさい．
[3] 高周波回路で使用するコンデンサについて説明しなさい．
[4] 共振周波数 f_o を求める式(9.22)を導きなさい．

$$f_o = \frac{1}{2\pi\sqrt{LC}} \quad \cdots\cdots\cdots\cdots\cdots\cdots\cdots\cdots\cdots\cdots\cdots\cdots\cdots\cdots\cdots\cdots\cdots\cdots\cdots\cdots\cdots(9.22)$$

[5] 図9.17(a)に示すコイル L とその内部抵抗 r が直列に接続された回路を，図(b)に示す LCR 並列回路に変換した場合の抵抗 R を導きなさい．

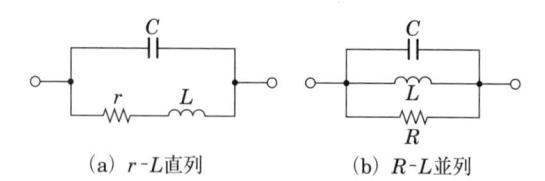

(a) r-L 直列　　　(b) R-L 並列

図9.17 直並列変換

[6] 単同調増幅回路と複同調増幅回路の帯域幅 B について，比較しなさい．
[7] Q ダンプと呼ばれる手法について説明しなさい．
[8] 中和回路を設ける目的について説明しなさい．
[9] 中間周波増幅回路を設けた場合の利点について説明しなさい．
[10] スーパーヘテロダイン方式のAMラジオにおいて，1400kHzの放送局を受信したい場合，局部発振回路の周波数はいくらにすればよいか．

第10章
オペアンプ

オペアンプ（operational amplifier：演算増幅器）は，多目的に使用できる高性能な増幅回路であり，1960年代にIC化されて以来，多くの電子機器に利用されている．その用途は，高利得を要求される増幅回路や，微積分回路，比較回路，発振回路，各種フィルタ回路，A–Dコンバータなど多岐に及ぶ．この章では，オペアンプの基本的な動作原理や使用方法などについて学ぼう．

10.1 オペアンプとは

オペアンプは，IC化された部品として使用するのが一般的であり，オペアンプ1個は図10.1(a)に示すような三角形の図記号で表す．図(b)に，実際のICの外観例を示す．

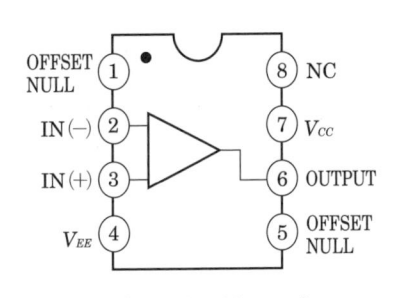

(a) ピン配置の例（KA741）　　　　　　　(b) 外観例

図10.1　オペアンプIC

また，図10.2に代表的なオペアンプICの1つであるフェアチャイルド社のKA741の回路構成を示す．入力段（Q_1, Q_2）は，後で学ぶ差動増幅回路になっており，2本の入力端子（IN(+), IN(−)）と1本の出力端子（OUTPUT）をもつ．

2つの入力信号は$Q_5 \sim Q_7$によって単一出力に変換され，Q_{18}へ送られている．電源端子には，正（V_{CC}）と負（V_{EE}）の電源を接続する．

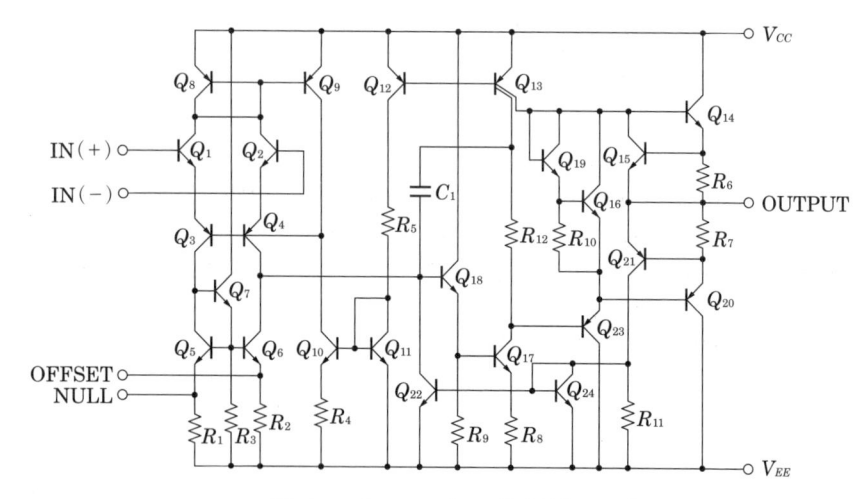

図10.2 オペアンプICの構成例（KA741）

オペアンプは，次のような増幅回路として好ましい特徴を備えている．
① 増幅度が非常に大きい（$10^4 \sim 10^6$倍）
② 入力インピーダンスは高く（数$100\mathrm{k}\Omega \sim$数$10\mathrm{M}\Omega$），出力インピーダンスは低い（数10Ω）
③ 広い周波数帯域（直流～数MHz）で使用できる

ただし，増幅度が大きくとれるといっても，ICに加える電源電圧以上の出力は得られない．これは，どの増幅回路についても同様である．図10.3に，オペ

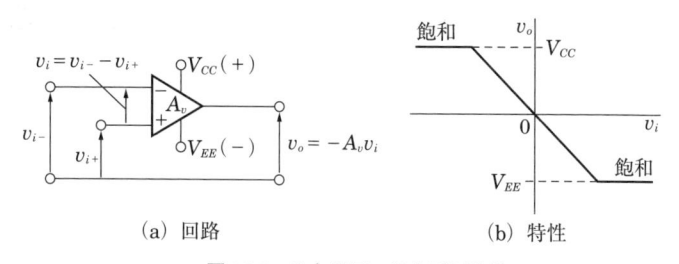

(a) 回路　　　　　　　　(b) 特性

図10.3 入力電圧－出力電圧特性

アンプへ入力する差動電圧v_iと出力電圧v_oの関係を示す．出力が電源電圧と同じになれば，それ以降は**飽和**する．

10.2 反転増幅回路

オペアンプの動作の基本は，図10.4に示す**反転増幅回路**（逆相増幅回路）である．この回路は，並列-並列型の**負帰還増幅回路**（第7章参照）になっている．

帰還のない場合には，端子cには，$v_o=-A_v v_i$が出力される．負帰還をかけた場合には，端子cの負電圧がR_2を経由して戻されるために端子aの電位は下がる．この現象は連続するために，端子aの電位は徐々に下がっていく．そして，端子aの電位がアースに対して負になると，端子cには正電圧が出力される．すると，先ほどとは逆に，端子aの電位が高くなってくる．これらの動作は，増幅度の大きいオペアンプにおいて一瞬にして行われるために，結局，端子aの電位は常にゼロとなっていると考えてよい．したがって，実際の端子a-b間の抵抗は非常に大きい（無限大と考えられる）にもかかわらず，入力端子aとb（アース）は，あかたもショートしているように見える．このことを，**イマジナリショート**（imaginary short：**仮想短絡**）という．

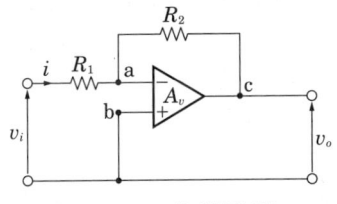

図10.4　反転増幅回路

イマジナリショートの考えを使って，反転増幅回路の増幅度を調べてみよう．

図10.4において，端子aとbはイマジナリショートしているから，R_1に流れる電流iは，式(10.1)のようになる．

$$i = \frac{v_i}{R_1} \quad \cdots\cdots\cdots\cdots(10.1)$$

オペアンプの入力インピーダンスは，非常に高いために，電流iは，オペアンプ内へは流れずにR_2を経由して端子cへ向けて流れる．このため，端子cの電圧v_oは，端子aの電位（ゼロ）よりもR_2による電圧降下の分だけ低くなる（式(10.2)）．

$$v_o = 0 - R_2 i = -\frac{R_2}{R_1} v_i \quad \cdots\cdots(10.2)$$

したがって，電圧増幅度は，次のようになる．

$$\frac{v_o}{v_i} = -\frac{R_2}{R_1} \quad \cdots\cdots(10.3)$$

式(10.3)は，この増幅回路の増幅度が抵抗R_1とR_2の比率だけで決められることを示している．つまり，**オペアンプIC**を負帰還によって使用すれば，IC自身の増幅度とは無関係に，任意の増幅度を設定できる．増幅度を求める式(10.3)には，トランジスタの直流電流増幅率h_{FE}のような温度変化に影響される項目を含んでいない．また，特性のばらつきによる影響を受けないのも利点である．

10.3 非反転増幅回路

入力電圧を出力電圧と同相で増幅する回路を，**非反転増幅回路**（正相増幅回路）という．図10.5に，非反転増幅回路を示す．出力端子cから，抵抗R_2を経由して流れる電流iは，そのまま抵抗R_1に流れる．また，この回路でも，先ほどの反転増幅回路と同様に，負帰還によって入力端子aとbは，イマジナリショートしていると考えられる．したがって，入力電圧v_iは，次式のようになる．

$$v_i = R_1 i \quad \cdots\cdots(10.4)$$

出力電圧v_oは，式(10.5)のようになることから，電圧増幅度は，式(10.6)のように表される．

$$v_o = (R_1 + R_2) i \quad \cdots\cdots(10.5)$$

$$\frac{v_o}{v_i} = \frac{(R_1 + R_2) i}{R_1 i} = 1 + \frac{R_2}{R_1} \quad \cdots(10.6)$$

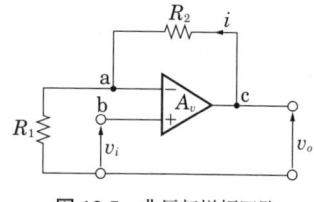

図10.5 非反転増幅回路

つまり，非反転増幅回路においても，増幅度は，抵抗R_1とR_2の比率によって決まることがわかる．また，この回路は，並列-直列型の負帰還増幅回路になっているために，オペアンプ自身の入出力インピーダンスより，入力インピーダンスは大きくなり，出力インピーダンスは小さくなる．

さらに式(10.6)において，$R_1 = \infty$，$R_2 = 0$とすれば，増幅度が1の**電圧フォロア**と呼ばれる回路として動作させることができる（バッファ，69ページ参照）．

10.4 オフセット

理想的なオペアンプでは，反転増幅回路，非反転増幅回路ともに，入力電圧をゼロにすれば出力電圧もゼロになる．しかし，実際のオペアンプでは，入力側にある差動増幅回路のバランスが完全にはとれないために，入力電圧をゼロにしても，わずかな出力電圧（**出力オフセット電圧**）が現れてしまう．この問題を解決するためには，図10.6に示すように，出力電圧を減少させるように，入力端子のどちらかに電圧を加えればよい．この電圧を，**入力オフセット電圧**と呼ぶ．

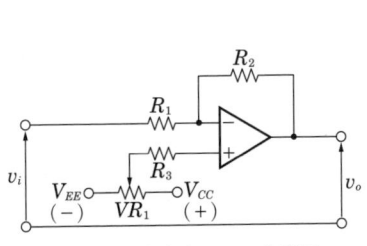

図10.6 入力オフセット電圧

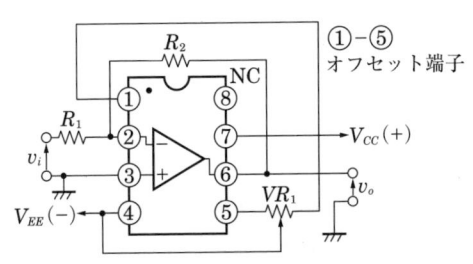

図10.7 オフセット端子の利用（KA741）

図10.1(a)，図10.2に示したオペアンプIC（KA741）では，入力オフセット電圧調整用のボリュームを接続する端子が用意されている（図10.7）．しかし，一度入力オフセット電圧を調整したとしても，温度変化によって，オペアンプ内部のバランスが崩れることや，回路で使用している抵抗値などが変化するために，出力電圧が生じてしまうことがある．これを，**温度ドリフト**という．温度ドリフトは，増幅度が大きいほど，その影響も大きくなる．したがって，特に温度変化などの影響を排除したい場合には，低ドリフト型のオペアンプを選定する必要がある．

また，図10.8に示すように，実際のオペアンプでは，わずかではあるが入力電流i_{b1}，i_{b2}が流れる．これらの電流の差を，**入力オフセット電流**といい，出力オフセット電圧を生じさせる原因となる．

そして，式(10.7)で定義した電流i_bを，**入力バイアス電流**と呼ぶ．

$$i_b = \frac{i_{b1} + i_{b2}}{2} \quad \cdots\cdots\cdots\cdots(10.7)$$

オペアンプの入力バイアス電流の大きさは，トランジスタ入力型でnAオーダ，FET入力型でpAオーダ程度である．

図10.8において，$i_{b1} = i_{b2}$と考えるならば，オペアンプの2つの入力端子に接続する抵抗が等しくなるように，R_3の値を式(10.8)のように決めればよい．

$$R_3 = \frac{R_1 R_2}{R_1 + R_2} \quad \cdots\cdots\cdots(10.8)$$

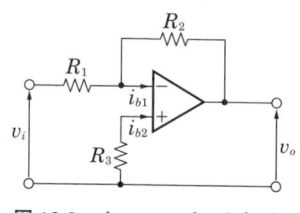

図10.8 オペアンプの入力電流

10.5 差動増幅回路

2つの入力信号の差分を増幅する回路を**差動増幅回路**という．オペアンプは，高性能な差動増幅回路である．また，これまで学んだ，反転増幅回路や非反転増幅回路では，オペアンプの入力端子を単独で使用したが，差動増幅回路では，2つの入力端子を同時に使用することを考える．

図10.9(a)にトランジスタを使用した差動増幅回路，図(b)に簡単化した等価回

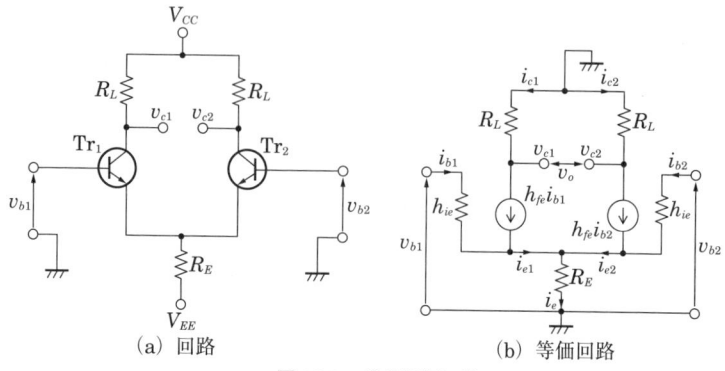

(a) 回路　　　　　　　　(b) 等価回路

図10.9 差動増幅回路

路を示す．ただし，2つのトランジスタは，特性が揃っているものとする．
等価回路より，式(10.9)～(10.13)が成立する．

$$v_{b1} = i_{b1}h_{ie} + i_e R_E \quad \cdots\cdots\cdots\cdots\cdots\cdots\cdots\cdots\cdots\cdots\cdots\cdots\cdots\cdots\cdots (10.9)$$

$$v_{b2} = i_{b2}h_{ie} + i_e R_E \quad \cdots\cdots\cdots\cdots\cdots\cdots\cdots\cdots\cdots\cdots\cdots\cdots\cdots\cdots (10.10)$$

$$\left. \begin{array}{l} i_{c1} = h_{fe}i_{b1} \\ i_{c2} = h_{fe}i_{b2} \end{array} \right\} \quad \cdots\cdots\cdots\cdots\cdots\cdots\cdots\cdots\cdots\cdots\cdots\cdots\cdots (10.11)$$

$$\left. \begin{array}{l} v_{c1} = -i_{c1}R_L \\ v_{c2} = -i_{c2}R_L \end{array} \right\} \quad \cdots\cdots\cdots\cdots\cdots\cdots\cdots\cdots\cdots\cdots\cdots\cdots\cdots (10.12)$$

$$v_o = v_{c1} - v_{c2} \quad \cdots\cdots\cdots\cdots\cdots\cdots\cdots\cdots\cdots\cdots\cdots\cdots\cdots\cdots\cdots\cdots (10.13)$$

これより，出力電圧v_oは，式(10.14)のようになる．

$$v_o = -\frac{h_{fe}}{h_{ie}} R_L (v_{b1} - v_{b2}) \quad \cdots\cdots\cdots\cdots\cdots\cdots\cdots\cdots\cdots\cdots\cdots (10.14)$$

差動増幅回路では，2つの入力信号の差分に比例した出力が得られる．つまり，振幅が同じならば，入力信号が同相の場合に出力はゼロとなり，逆相（差動）の場合には2倍の出力が得られる．したがって，差動増幅回路では，入力電圧の変動，雑音の影響は，同相信号が入力された場合と同様になり，互いにうち消し合うため出力には現れない．しかし，実際には2つのトランジスタ回路を完全に同じ条件で動作させることは困難であり，同相入力に対してもわずかの出力が現れてしまう．

差動増幅回路に，振幅の等しい同相の入力信号を加えた場合の入力信号と出力信号の比を**同相利得**という．同相利得をA_v，各トランジスタの利得をA_{v1}，A_{v2}とすると，$|A_v| = |A_{v1}| = |A_{v2}|$であるから，$|A_v|$は，式(10.15)のように表される（オペアンプでは，「利得」を「増幅度」と同意に使うことが多い）．

$$|A_v| = \left| \frac{v_{c1}}{v_{b1}} \right| = \frac{i_{c1}R_L}{i_{b1}h_{ie} + i_e R_E} \quad \cdots\cdots\cdots\cdots\cdots\cdots\cdots\cdots\cdots (10.15)$$

また，$i_{b1} = i_{b2}$より，電流i_eは，次式のようになる．

$$i_e = h_{fe}i_{b1} + h_{fe}i_{b2} + i_{b1} + i_{b2} = 2i_{b1}(h_{fe} + 1) \quad \cdots\cdots\cdots\cdots (10.16)$$

式(10.15)に，式(10.11)と式(10.16)を代入して整理すると，式(10.17)が得られる．

$$|A_v| = \frac{h_{fe}R_L}{h_{ie} + 2R_E(h_{fe} + 1)} \quad \cdots\cdots(10.17)$$

ここで，$h_{fe} \gg 1$，$h_{ie} \ll 2R_E(1+h_{fe})$ と考えると，式(10.17)は，次のように近似できる．

$$|A_v| \fallingdotseq \frac{R_L}{2R_E} \quad \cdots\cdots(10.18)$$

差動増幅回路に，振幅の等しい逆相の入力信号を加えた場合の入力信号と出力信号の比を**差動利得**という．入力端子に，$v_{b1} = -v_{b2}$の信号を入力すると，$i_{e1} = -i_{e2}$からエミッタ端子の電位はゼロ，つまりアースと等しくなり，$i_e = 0$と考えられる．よって，差動利得をA_{vd}，各トランジスタの利得をA_{vd1}，A_{vd2}とすると，$|A_{vd}| = |A_{vd1}| = |A_{vd2}|$であるから，$|A_{vd}|$は，式(10.19)のように表される．

$$|A_{vd}| = \left|\frac{v_{c1}}{v_{b1}}\right| = \frac{i_{c1}R_L}{i_{b1}h_{ie}} \quad \cdots\cdots(10.19)$$

式(10.19)に，式(10.11)を代入すると，次式が得られる．

$$|A_{vd}| = \frac{h_{fe}R_L}{h_{ie}} \quad \cdots\cdots(10.20)$$

差動増幅回路では，同相利得が低く，差動利得が高いほど，温度や電圧の変動による影響を受けにくく，大きな出力を得ることができる．そこで，式(10.21)に示す値を定義し，これを**同相信号除去比**または，**CMRR**（common mode rejection ratio）と呼ぶ．CMRRが大きいほど高性能な差動増幅回路であることを示している．

$$\mathrm{CMRR} = \frac{差動利得}{同相利得} = \frac{h_{ie} + 2R_E(h_{fe} + 1)}{h_{ie}} \quad \cdots\cdots(10.21)$$

図10.10(a)に，オペアンプを差動増幅器として動作させる場合の端子を示す．反転入力端子（−）の増幅度A_{v-}は式(10.22)，非反転入力端子（＋）の増幅度A_{v+}は式(10.23)で表されることはすでに学んだとおりである（式(10.3)，(10.6)参照）．

(a) 端子の対応　　　　(b) 回路

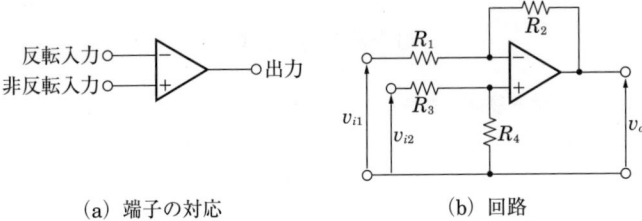

図 10.10　差動増幅器としてのオペアンプ

$$A_{v-} = \frac{v_{o1}}{v_{i1}} = -\frac{R_2}{R_1} \quad \cdots\cdots\cdots\cdots\cdots\cdots\cdots\cdots\cdots\cdots\cdots\cdots\cdots\cdots(10.22)$$

$$A_{v+} = \frac{v_{o2}}{v_{i2}} = 1 + \frac{R_2}{R_1} \quad \cdots\cdots\cdots\cdots\cdots\cdots\cdots\cdots\cdots\cdots\cdots\cdots(10.23)$$

図 10.10(b)では，非反転増幅回路の入力を，抵抗R_3とR_4で分圧しているため，式(10.23)にこの分圧比を乗じて，式(10.24)が得られる．

$$A_{v+} = \frac{v_{o2}}{v_{i2}} = \left(\frac{R_4}{R_3 + R_4}\right)\left(1 + \frac{R_2}{R_1}\right) \quad \cdots\cdots\cdots\cdots\cdots\cdots(10.24)$$

ここで，$R_1 = R_3$，$R_2 = R_4$とすると，次式が成立する．

$$A_{v+} = \frac{v_{o2}}{v_{i2}} = \frac{R_2}{R_1} \quad \cdots\cdots\cdots\cdots\cdots\cdots\cdots\cdots\cdots\cdots\cdots\cdots\cdots(10.25)$$

したがって，式(10.22)と式(10.25)から，回路の出力電圧v_oは，次のようになり，2つの入力信号の差を増幅していることがわかる．

$$v_o = v_{o1} + v_{o2} = \frac{R_2}{R_1}(v_{i2} - v_{i1}) \quad \cdots\cdots\cdots\cdots\cdots\cdots\cdots\cdots(10.26)$$

実際にオペアンプを使用する場合，図10.11に示すように，入力の急激な変化には出力が追従できずに，出力波形にひずみを生じるので注意が必要である．微小時間当たりに変化する電圧分を**スルーレート**といい，この値が大きいほど応答速度が速いことを示す．

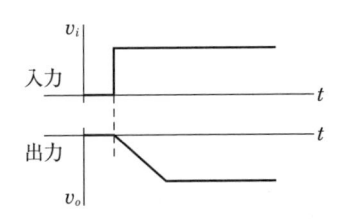

図 10.11　入力－出力電圧特性
　　　　　（反転増幅）

10.5 差動増幅回路

● 演習問題 10 ●

[1] オペアンプの特徴を説明しなさい．
[2] イマジナリショートとは，どういうことか説明しなさい．
[3] 図10.12と図10.13の増幅回路の増幅度を導きなさい．

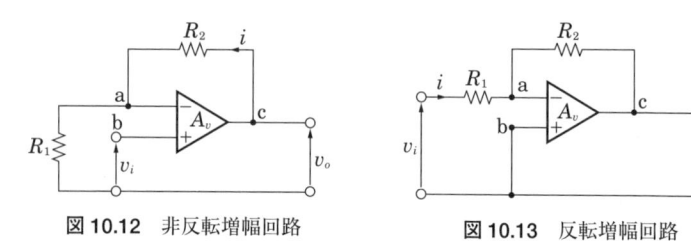

図 10.12　非反転増幅回路

図 10.13　反転増幅回路

[4] オペアンプでは，なぜオフセット電圧を調整することが必要なのか説明しなさい．
[5] 図10.14に示す反転増幅回路において，入力オフセット電圧が0.5mVであった場合の出力オフセット電圧の大きさを求めなさい．また，出力オフセット電圧をゼロにするためには，Rの値をいくらにすればよいか．

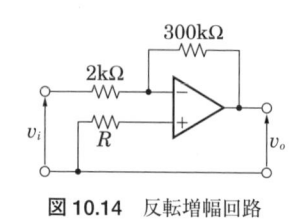

図 10.14　反転増幅回路

[6] 差動増幅回路の利点と，構成する場合の注意事項について説明しなさい．
[7] CMRRについて説明しなさい．
[8] スルーレートとは何か説明しなさい．

第11章
発振回路

　一定の振幅をもつ信号が一定の周波数で連続的に発生する現象を発振という．発振回路は，無線通信機の高周波電波や，ディジタル時計の基準信号，コンピュータの動作クロックなどをつくるために，多くの電子機器で利用されている．第9章で学んだスーパーヘテロダイン方式の受信機にも，局部発振回路が使用されていた．また，発振回路は，発生する波形によって，正弦波を発生する正弦波発振回路と，方形波などのパルスを発生する弛張発振回路に大別できる．弛張発振回路については，姉妹書の『ディジタル電子回路の基礎』で扱うこととし，ここでは，正弦波を発生する回路について学ぼう．

11.1 発振の原理

　発振回路の基本は，図11.1に示す増幅度 A，帰還率 F の**正帰還増幅回路**である．増幅回路の出力信号を入力信号と同相で帰還することで，出力信号を増大させていく．そして，回路がある条件を満たすと，振幅と周波数が一定の正弦波を得ることができる．この様子を図11.2に示す．

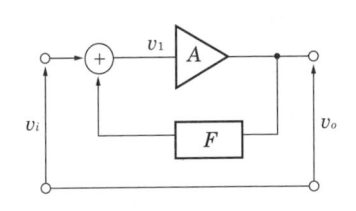

図 11.1 正帰還増幅回路

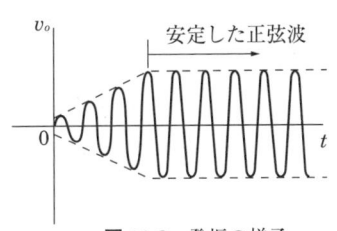

図 11.2 発振の様子

　次に，発振の条件について考えよう．図11.1において，入力 v_i は，増幅回路と**帰還回路**によって AF 倍に増幅されたのち，再び増幅回路へ入力される．したがって，出力信号を増大させていく（発振を開始する）ためには，回路を動作させた場合にループ利得 AF が，$AF > 1$ であることが必要である．その後，増幅回

路が飽和すると出力信号の振幅は一定となる．図11.1では，式(11.1)が成立するため，回路全体の増幅度A_vは式(11.2)のように表される．

$$\left.\begin{array}{l} v_o = v_1 A \\ v_1 = v_o F + v_i \end{array}\right\} \quad \cdots\cdots\cdots\cdots\cdots\cdots\cdots\cdots\cdots\cdots\cdots\cdots\cdots\cdots\cdots\cdots\cdots\cdots\cdots\cdots (11.1)$$

$$A_v = \frac{v_o}{v_i} = \frac{A}{1-AF} \quad \cdots\cdots\cdots\cdots\cdots\cdots\cdots\cdots\cdots\cdots\cdots\cdots\cdots\cdots\cdots\cdots (11.2)$$

式(11.2)から，$AF = 1$のときに，増幅度A_vが無限大となる（発振を持続する）ことがわかる．つまり，発振を開始し，それを継続させるためには，式(11.3)を満たすことが必要となる．

$$AF \geqq 1 \quad \cdots\cdots\cdots\cdots\cdots\cdots\cdots\cdots\cdots\cdots\cdots\cdots\cdots\cdots\cdots\cdots\cdots\cdots\cdots\cdots (11.3)$$

正帰還のAFは複素数なので，**発振の条件**は次のようになる．

　　　　AFの実数部> 1（振幅条件），AFの虚数部$= 0$（周波数条件）

AFを大きくすると，出力波形がひずんでしまうので，できるだけ$AF = 1$に近い状態にすることが好ましい．

目的の周波数成分だけを増幅して出力するためには，帰還回路Fに周波数特性をもたせ，特定の周波数のみに正帰還がかかるようにすればよい．このために，RC回路やLC回路が使用される．

11.2 RC発振回路

RC発振回路は，コイルを使用しないので，数十Hzほどの低周波を発振することが可能であり，集積化しやすいなどの利点がある．ここでは，RC移相発振回路とウィーンブリッジ発振回路について学ぼう．

(1) RC移相発振回路

図11.3に，**RC移相発振回路**の構成を示す．エミッタ接地方式のような反転増幅回路では，入力と出力は180°位相がずれるので，**移相回路**でさらに180°ずらしてやれば正帰還をかけることができる．移相回路は，抵抗とコンデンサを接続した移相素子を基本としているが，例えば，図11.4のような素子では，入力電圧に

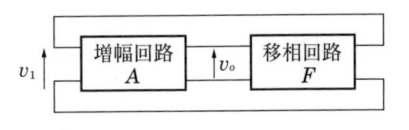

図 11.3　RC移相発振回路の構成

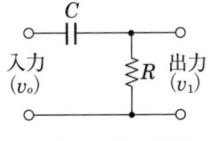

図 11.4　移相素子

対して出力電圧は進み位相となる．しかし，Rがあるために位相差の最大は90°未満となるので，180°の位相差を得るためには，最低3段の素子が必要となる．

図11.5(a)に**進相形**，図(b)に**遅相形**と呼ばれる移相回路を示す．

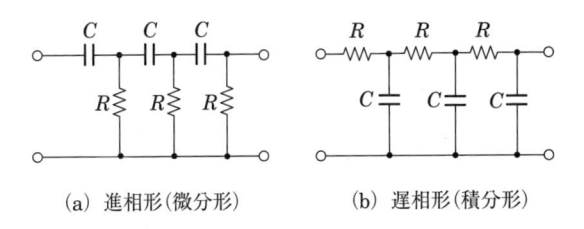

(a) 進相形（微分形）　　(b) 遅相形（積分形）

図 11.5　移相回路

増幅回路の入力インピーダンスを無限大，出力インピーダンスを0（ゼロ）とすれば，図11.6のように移相回路を独立させて考えることができる．

$$\left.\begin{array}{l}(R-jX)i_1 - Ri_2 = v_o \\ -Ri_1 + (2R-jX)i_2 - Ri_3 = 0 \\ -Ri_2 + (2R-jX)i_3 = 0\end{array}\right\} \cdots\cdots(11.4)$$

$$i_3 = \frac{v_o R^2}{R(R^2 - 5X^2) - jX(6R^2 - X^2)} \cdots(11.5)$$

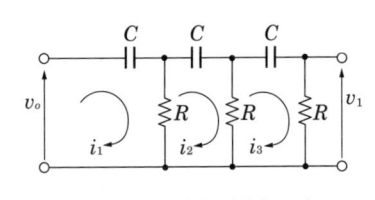

図 11.6　進相形移相回路

この回路から立てられる方程式(11.4)をi_3について解くと式(11.5)のようになる．ただし，XはCのリアクタンスを表している．

増幅回路の入力電圧v_1は，式(11.6)のようになるから，これと式(11.5)より，増幅回路の増幅度Aは，式(11.7)で示される．

$$v_1 = i_3 R \quad \cdots\cdots\cdots\cdots\cdots\cdots\cdots\cdots\cdots\cdots\cdots\cdots\cdots\cdots\cdots\cdots\cdots\cdots\cdots(11.6)$$

$$A = \frac{v_o}{v_1} = \frac{1}{R^2}(R^2 - 5X^2) - j\frac{X}{R^3}(6R^2 - X^2) \quad \cdots\cdots\cdots\cdots\cdots\cdots(11.7)$$

式(11.7)が実数であるときに,虚数部が0(ゼロ)となる周波数で発振するため,次式が成り立つ.

$$6R^2 - X^2 = 0 \quad \cdots\cdots\cdots\cdots\cdots\cdots\cdots\cdots\cdots\cdots\cdots\cdots\cdots\cdots\cdots\cdots(11.8)$$

これをXについて解いて,$X = 1/\omega C$を代入して整理すれば,**発振周波数f**は,式(11.11)のようになる.

$$X = \sqrt{6}R \quad \cdots\cdots\cdots\cdots\cdots\cdots\cdots\cdots\cdots\cdots\cdots\cdots\cdots\cdots\cdots\cdots\cdots\cdots(11.9)$$

$$\omega = \frac{1}{\sqrt{6}CR} \quad \cdots\cdots\cdots\cdots\cdots\cdots\cdots\cdots\cdots\cdots\cdots\cdots\cdots\cdots\cdots\cdots(11.10)$$

$$f = \frac{1}{2\pi\sqrt{6}CR} \quad \cdots\cdots\cdots\cdots\cdots\cdots\cdots\cdots\cdots\cdots\cdots\cdots\cdots\cdots(11.11)$$

このときに必要な増幅度は,式(11.7)に式(11.9)を代入して,次のように求めることができる.

$$A = -29 \quad \cdots\cdots\cdots\cdots\cdots\cdots\cdots\cdots\cdots\cdots\cdots\cdots\cdots\cdots\cdots\cdots\cdots(11.12)$$

また,遅相形のRC移相発振回路についても同様に計算を行えば,発振周波数と増幅度は次のようになる.

$$f = \frac{\sqrt{6}}{2\pi CR} \quad \cdots\cdots\cdots\cdots\cdots\cdots\cdots\cdots\cdots\cdots\cdots\cdots\cdots\cdots\cdots(11.13)$$

$$A = -29 \quad \cdots\cdots\cdots\cdots\cdots\cdots\cdots\cdots\cdots\cdots\cdots\cdots\cdots\cdots\cdots\cdots\cdots(11.14)$$

(2) ウィーンブリッジ発振回路

図11.7に示す**ウィーンブリッジ回路**は,ブリッジの**平衡**がとれているときに,端子c–d間には電流が流れないことを利用して,未知のインピーダンスを求めるものである.一方,図11.8に示すウィーンブリッジ発振回路では,ブリッジの平衡を少しずらし,端子c–d間に生じるわずかな電位差を差動増幅回路で増幅して,端子a–b間に正帰還することで発振を行う.

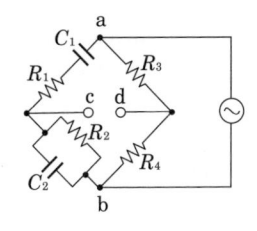

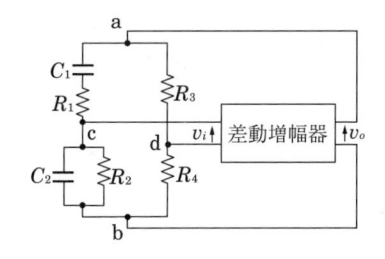

図 11.7 ウィーンブリッジ回路　　**図 11.8** ウィーンブリッジ発振回路

端子 d–b 間の電位差 v_{db} と，端子 c–b 間の電位差 v_{cb} は，式(11.15)のようになる．ただし，インピーダンス Z_1, Z_2 は，式(11.16)で示される．

$$\left. \begin{aligned} v_{db} &= \frac{R_4}{R_3+R_4} v_o \\ v_{cb} &= \frac{Z_2}{Z_1+Z_2} v_o \end{aligned} \right\} \quad \cdots\cdots(11.15)$$

$$\left. \begin{aligned} Z_1 &= R_1 + \frac{1}{j\omega C_1} \\ Z_2 &= \frac{1}{\frac{1}{R_2} + j\omega C_2} \end{aligned} \right\} \quad \cdots\cdots(11.16)$$

端子 c–d 間の電位差 v_{cd} は式(11.17)のようになるから，増幅度 A はその逆数をとって，式(11.18)のように表される．

$$v_{cd} = v_{cb} - v_{db} = v_i \quad \cdots\cdots(11.17)$$

$$\frac{1}{A} = \frac{v_i}{v_o} = \frac{Z_2}{Z_1+Z_2} - \frac{R_4}{R_3+R_4} \quad \cdots\cdots(11.18)$$

式(11.18)に，式(11.16)を代入して整理すると，次式が得られる．

$$\frac{1}{A} = \frac{j\omega C_1 R_2}{j\omega(C_1 R_1 + C_1 R_2 + C_2 R_2) + (1 - \omega^2 C_1 C_2 R_1 R_2)} - \frac{R_4}{R_3+R_4} \quad \cdots(11.19)$$

式(11.19)が，実数となるのは，式(11.20)が成立する場合である．

$$1 - \omega^2 C_1 C_2 R_1 R_2 = 0 \quad \cdots\cdots(11.20)$$

したがって，ウィーンブリッジ発振回路の発振周波数 f は，式(11.21)で表される．

$$f = \frac{1}{2\pi\sqrt{C_1 C_2 R_1 R_2}} \quad \cdots\cdots\cdots\cdots\cdots\cdots\cdots\cdots\cdots\cdots\cdots\cdots\cdots\cdots\cdots(11.21)$$

11.3 *LC* 発振回路

帰還回路にコイルとコンデンサを使用した発振回路を **LC 発振回路**という．LC 発振回路は，共振回路を有するので，RC 発振回路よりも**周波数選択性**がよい．

(1) *LC* 発振回路の発振条件

図11.9に示すように，トランジスタの3端子間にインピーダンスを接続した発振回路を**3点接続発振回路**という．この回路の**発振条件**を考えよう．

図11.10に示す等価回路において，並列インピーダンスをまとめると，図11.11の等価回路が得られる．ただし，Z_i と Z_o は，式(11.22)に示すものとする．

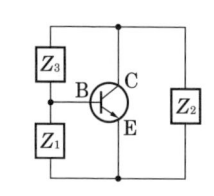

図 11.9　3点接続発振回路

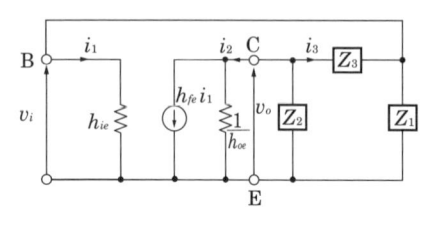

図 11.10　等価回路A

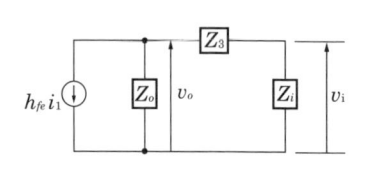

図 11.11　等価回路B

$$\left. \begin{aligned} \frac{1}{Z_i} &= \frac{1}{Z_1} + \frac{1}{h_{ie}} \\ \frac{1}{Z_o} &= h_{oe} + \frac{1}{Z_2} \end{aligned} \right\} \quad \cdots\cdots\cdots\cdots\cdots\cdots\cdots\cdots\cdots\cdots\cdots\cdots\cdots(11.22)$$

図11.11では，電流 $h_{fe}i_1$ がインピーダンス Z_o と Z_3+Z_i に分流しているので，式(11.23)が成立する．

$$v_i = -h_{fe}i_1 \frac{Z_o Z_i}{Z_o + Z_i + Z_3} \quad \cdots\cdots\cdots\cdots\cdots\cdots\cdots\cdots\cdots\cdots\cdots(11.23)$$

これを変形すると式(11.24)を得る．

$$\frac{v_i}{i_1} = h_{ie} = -h_{fe}\frac{Z_o Z_i}{Z_o + Z_i + Z_3} \quad \cdots\cdots\cdots\cdots\cdots\cdots\cdots\cdots\cdots\cdots(11.24)$$

式(11.24)に，式(11.22)を代入して整理すると，式(11.25)のようになる．

$$h_{fe} + \frac{Z_2 + Z_3}{Z_2} + h_{ie}h_{oe}\frac{Z_1 + Z_3}{Z_1} + h_{oe}Z_3 + h_{ie}\frac{Z_1 + Z_2 + Z_3}{Z_1 Z_2} = 0 \quad \cdots(11.25)$$

ここで，出力アドミタンスh_{oe}が，十分小さいと考えると，次式を得る．

$$h_{fe} + \frac{Z_2 + Z_3}{Z_2} + h_{ie}\frac{Z_1 + Z_2 + Z_3}{Z_1 Z_2} = 0 \quad \cdots\cdots\cdots\cdots\cdots\cdots\cdots(11.26)$$

この回路の各インピーダンスは，コイルまたはコンデンサであるから，式(11.26)の第1項と第2項は実数で，第3項は虚数となる．また，式(11.26)が成立するためには，式(11.27)が成り立つ必要がある．

$$\left.\begin{array}{l} h_{fe} + \dfrac{Z_2 + Z_3}{Z_2} = 0 \\[6pt] Z_1 + Z_2 + Z_3 = 0 \end{array}\right\} \quad \cdots\cdots\cdots\cdots\cdots\cdots\cdots\cdots\cdots(11.27)$$

(2) ハートレー発振回路

式(11.27)において，Z_1とZ_2をコイル，Z_3をコンデンサとした回路を**ハートレー発振回路**という．図11.12に示すハートレー発振回路において，Z_1, Z_2, Z_3は，式(11.28)のようになる．

$$\left.\begin{array}{l} Z_1 = j\omega(L_1 + M) \\ Z_2 = j\omega(L_2 + M) \\ Z_3 = \dfrac{1}{j\omega C} \end{array}\right\} \quad \cdots\cdots\cdots(11.28)$$

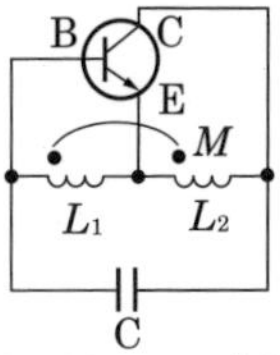

図 11.12 ハートレー発振回路

一方，発振が持続するための電流増幅率h_{fe}は，式(11.27)の限界値以上でなければならないため，式(11.29)が成立する必要がある．

$$h_{fe} > \frac{Z_1}{Z_2} = \frac{L_1 + M}{L_2 + M} \quad \cdots\cdots\cdots\cdots\cdots\cdots\cdots\cdots\cdots\cdots\cdots\cdots(11.29)$$

また，発振周波数fは，式(11.27)に式(11.28)を代入することで計算できる．もし，コイルが結合していなければ，式(11.30)において，$M = 0$とすればよい．

$$\left.\begin{array}{l}\omega(L_1+L_2+2M)-\dfrac{1}{\omega C}=0\\[4pt] f=\dfrac{1}{2\pi\sqrt{C(L_1+L_2+2M)}}\end{array}\right\} \cdots\cdots\cdots\cdots\cdots\cdots\cdots\cdots(11.30)$$

(3) コルピッツ発振回路

式(11.27)において，Z_1とZ_2をコンデンサ，Z_3をコイルとした回路を**コルピッツ発振回路**という．図11.13に示すコルピッツ発振回路において，Z_1, Z_2, Z_3は，式(11.31)のようになる．

$$\left.\begin{array}{l}Z_1=\dfrac{1}{j\omega C_1}\\[4pt] Z_2=\dfrac{1}{j\omega C_2}\\[4pt] Z_3=j\omega L\end{array}\right\}\cdots\cdots\cdots\cdots(11.31)$$

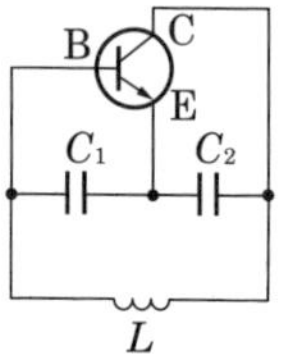

図 11.13 コルピッツ発振回路

一方，発振が持続するためには，ハートレー発振回路と同様の考えで，式(11.32)が成立する必要がある．

$$h_{fe}>\dfrac{Z_1}{Z_2}=\dfrac{C_2}{C_1}\cdots\cdots\cdots\cdots\cdots\cdots\cdots\cdots\cdots\cdots(11.32)$$

また，発振周波数fは，式(11.27)に式(11.30)を代入することで，式(11.33)のように計算できる．

$$\left.\begin{array}{l}-\dfrac{1}{\omega}\left(\dfrac{1}{C_1}+\dfrac{1}{C_2}\right)+\omega L=0\\[4pt] f=\dfrac{1}{2\pi\sqrt{L\dfrac{C_1 C_2}{C_1+C_2}}}\end{array}\right\}\cdots\cdots\cdots\cdots\cdots\cdots(11.33)$$

11.4 水晶発振回路

水晶振動子は，逆圧電効果（水晶片を交流電界中におくと，電界の方向によって伸縮運動すること）を利用して固有振動を起こす電子部品であり，この固有振動と同じ周波数の電界を加えると共振し，LC共振回路と等価になる．図11.14

に，水晶振動子の外観例とその等価回路を示す．

図11.15に，基本的な**水晶発振回路**を示す．

(a) 外観例 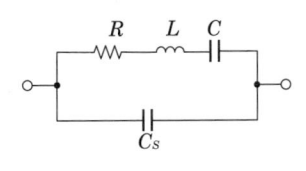　　　　　　　　　(b) 等価回路

図 11.14　水晶振動子

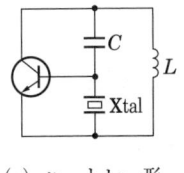

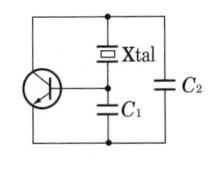

(a) ハートレー形　　　(b) コルピッツ形

図 11.15　基本的な水晶発振回路

水晶振動子を用いると，周波数選択性と安定度のきわめてよい発振回路を簡単に構成することができる．また，1個の水晶振動子から，たくさんの周波数を発振する **PLL**（phase locked loop）**回路**のIC化技術が進歩した結果，水晶発振回路はますます広範囲な用途に使用されるようになった．

●演習問題11●

[1] 増幅度 A,帰還率 F の正帰還増幅回路において,全体の増幅度 A_v を導きなさい.また,回路が発振を開始して,それを持続するための条件式を示しなさい.

[2] 図11.16(a),(b)に示す移相回路の名称を述べ,発振周波数を計算しなさい.

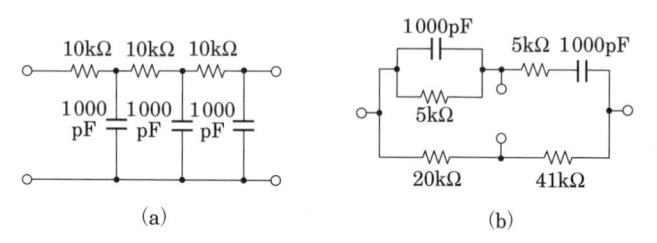

図 11.16　移相回路

[3] 図11.17(a),(b)に示す LC 発振回路の名称を述べ,発振周波数を計算しなさい.ただし,図(a)のコイルは結合していないものとする.

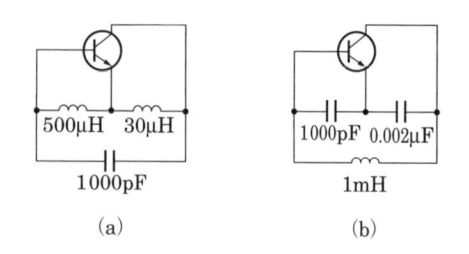

図 11.17　LC 発振回路

[4] 図11.14(b)に示した水晶振動子の等価回路において,そのリアクタンス X が次の条件のときの発振周波数を求めなさい.
① $X=0$　　② $X=\pm\infty$

第12章
振幅変調（AM）回路

音声信号や画像信号などを無線で伝送する場合には，伝送したい信号を高周波信号に重ね合わせて送信する．そして，受信側では，受信した電波から目的の信号を分離して取り出す．このように，伝送したい信号を高周波信号に重ね合わせることを変調，変調波から目的の信号を分離して取り出すことを復調という．この章では，基本的な変調方式の1つである振幅変調（AM）と，その復調の原理などについて学ぼう．

12.1 各種の変調方式

図12.1に，音声信号を電波に乗せて送信する回路の構成を示す．送信したい音声信号を**信号波**，高周波信号のことを**搬送波(キャリア)**と呼ぶ．変調回路によって，信号波は搬送波に重ね合わされ，**変調波**としてアンテナから発射される．

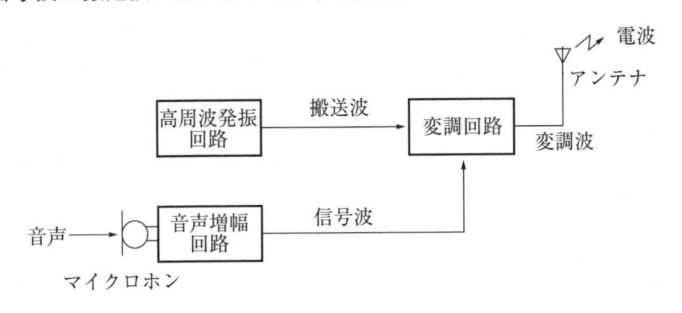

図 12.1 音声信号の送信

代表的な変調方式には，次のようなものがある．

① **振幅変調**（amplitude modulation：略して **AM** と呼ぶ）
信号波の振幅に応じて，搬送波の振幅を変化させる方式

② **周波数変調**（frequency modulation：略して**FM**と呼ぶ）

　信号波の振幅に応じて，搬送波の周波数を変化させる方式（第13章で詳しく学ぶ）

③ **位相変調**（phase modulation：略して**PM**と呼ぶ）

　信号波の振幅に応じて，搬送波の位相を変化させる方式（129ページ参照）

12.2 AMの原理

　AMは，図12.2に示すように信号波の振幅に応じて変調波の振幅を変化させる変調方式である．

　いま，搬送波v_cと信号波v_sを，それぞれ式(12.1)，(12.2)のように表す．ただし，A_cとA_sはそれぞれの波形の振幅，ϕ_0は搬送波の**初期位相**，pは信号波の**角周波数**を示す．

$$v_c = A_c \cos(\omega t + \phi_0) \quad \cdots (12.1)$$

$$v_s = A_s \cos pt \quad \cdots\cdots (12.2)$$

　図12.2に示す変調波v_mの瞬時振幅の外形を表す**包絡線**は式(12.3)のようになるため，変調波は式(12.4)で表される．

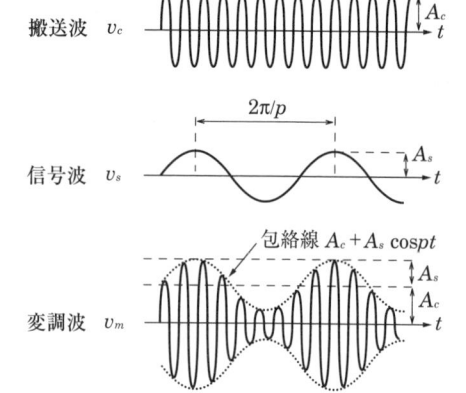

図12.2　AMの波形

$$A_c + A_s \cos pt \quad \cdots\cdots\cdots (12.3)$$

$$v_m = (A_c + A_s \cos pt)\cos(\omega t + \phi_0)$$

$$= A_c \left(1 + \frac{A_s}{A_c}\cos pt\right)\cos(\omega t + \phi_0) \quad \cdots\cdots (12.4)$$

　式(12.4)において，搬送波と信号波の振幅比を式(12.5)のように定義するとき，比例定数mを**変調度**とよぶ．

$$m = \frac{A_s}{A_c} \quad \cdots\cdots\cdots (12.5)$$

変調度mは，$0 < m \leq 1$の値をとり，0に近くなるほど変調波に含まれる信号波が少なくなることを示している．また，mが1より大きいと，**ひずみを含んだ過変調**という状態になる．図12.3に，いくつかの変調度における変調波の例を示す．

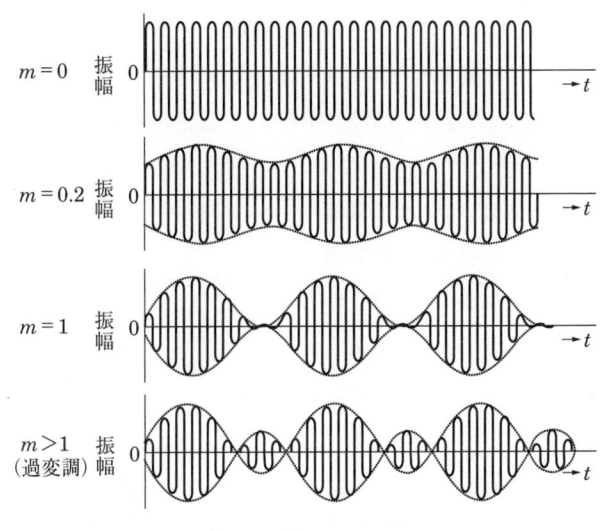

図12.3　変調度と変調波

式(12.4)において，初期位相ϕ_0は定数なので簡単化のために0（ゼロ）として考える．式(12.4)を展開した式(12.6)から，AMとは，信号波と搬送波の積に搬送波を加算する処理であることがわかる．

$$v_m = A_c \cos \omega t + m A_c \cos pt \cdot \cos \omega t \quad \cdots\cdots(12.6)$$

さらに，三角関数の積を和に変換する式(12.7)を用いて，式(12.6)の変形を行うと式(12.8)が得られる．

$$\cos \alpha \cos \beta = \frac{1}{2}\{\cos(\alpha+\beta) + \cos(\alpha-\beta)\} \quad \cdots\cdots(12.7)$$

$$v_m = \underbrace{A_c \cos \omega t}_{\text{搬送波}} + \underbrace{\frac{m}{2} A_c \{\cos(\omega+p)t\}}_{\text{上側波帯}} + \underbrace{\frac{m}{2} A_c \{\cos(\omega-p)t\}}_{\text{下側波帯}} \quad \cdots\cdots(12.8)$$

式(12.8)の右辺の第1項は**搬送波**（式(12.1)）であり，第2項は**上側波帯**，第3項は**下側波帯**と呼ばれる．

ここでは，式(12.4)で表される波形を式(12.8)のような和の形に変換したが，どのような波形を表す式であっても，それはいくつかの正弦波の和の形として表現できることが知られている（**フーリエの定理**）．

和の形に分解した各項を周波数軸上に表示した図を**周波数スペクトル**という．搬送波の周波数をf_c，信号波の周波数をf_sとして，周波数スペクトルを描くと図12.4のようになる．

上側波帯の周波数$(f_c + f_s)$と下側波帯の周波数$(f_c - f_s)$の差$2f_s$を**占有周波数帯域幅**という．つまり，変調をかけていないときに使用する周波数はf_cのみであるが，変調をかけた場合には，f_cの両側に上側波帯と下側波帯が生じるために使用する周波数帯域幅が広がるのである．このことから，AMによる電波で通信を行う場合には，f_cを中心に$\pm f_s$の帯域幅をもつ増幅回路を構成するのと同時に，占有周波数帯域幅がほかの通信に使用している周波数と重ならないように配慮することが必要となる．もし，複数のAM波が同じ周波数を使用した場合には，**混信**を生じてしまう．例えば，日本の中波の**AMラジオ放送**（531〜1602kHz）では搬送波を9kHz間隔で配置しているが，占有周波数帯域幅の最大は15kHzであるから，混信を避けるためには少なくても搬送波の周波数を2間隔離す必要がある．

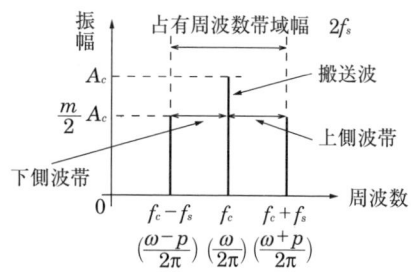

図 12.4 周波数スペクトル

次に，**変調波の電力**について考えよう．電力は，電圧または電流の実効値の2乗に比例するため，式(12.8)における変調波の電力P_mは式(12.9)で表される．

$$P_m = \left(\frac{A_c}{\sqrt{2}}\right)^2 + \left(\frac{m}{2\sqrt{2}}A_c\right)^2 + \left(\frac{m}{2\sqrt{2}}A_c\right)^2 = \frac{A_c^2}{2}\left(1 + \frac{m^2}{2}\right) \cdots\cdots(12.9)$$

これより，変調波の電力P_mは，搬送波の電力がその大部分を占めること，変調度mによって大きさが変化することがわかる．

12.3 AM回路

ここでは，実際にAM波をつくり出す，**変調回路**について学ぼう．

いま，入力電圧v_iと出力電流i_oの関係が非線形であり，式(12.10)に示す特性をもった素子があると考える．ただし，I_oは出力電流の直流分，g_1, g_2は素子の特性によって定まる比例定数とする．

$$i_o = I_o + g_1 v_i + g_2 v_i^2 \quad \cdots\cdots\cdots\cdots\cdots(12.10)$$

この式のv_iとして，式(12.11)に示すような**搬送波**v_cと信号波v_sの和を入力すると，i_oは式(12.12)のようになる．

$$v_i = v_c + v_s = A_c \cos\omega t + A_s \cos pt \quad \cdots\cdots\cdots\cdots(12.11)$$

$$i_o = I_o + g_1(\underbrace{A_c \cos\omega t}_{\text{ⓐ}} + \underbrace{A_s \cos pt}_{\text{ⓑ}})$$

$$+ g_2(\underbrace{A_c^2 \cos^2\omega t}_{\text{ⓒ}} + \underbrace{A_s^2 \cos^2 pt}_{\text{ⓓ}} + \underbrace{2A_c A_s \cos\omega t \cdot \cos pt}_{\text{ⓔ}}) \cdots(12.12)$$

式(12.12)において，ⓐは搬送波，ⓑは信号波を表しており，ⓒ～ⓔは，式(12.7)を用いて変形すると次のようになる．

ⓒ $g_2 \dfrac{A_c^2}{2}(1+\cos 2\omega t)$：直流分と搬送波の**第2高調波**

ⓓ $g_2 \dfrac{A_s^2}{2}(1+\cos 2pt)$：直流分と信号波の第2高調波

ⓔ $g_2 A_c A_s \{\cos(\omega+p)t + \cos(\omega-p)t\}$：上・下側波帯

前に，式(12.6)からAMとは，信号波と搬送波の積に搬送波を加算する処理であることを学んだ．したがって，式(12.12)で，搬送波の項ⓐと，搬送波と信号波の積の項ⓔを使用すればAM波をつくることができる．

この方式は，入力の2乗に比例する項からⓔを得ているために，**2乗変調**と呼ばれる．また，非線形な素子を使用するために，**非線形変調**といわれることもある．実際に使用する**非線形素子**としては，トランジスタ（ベース電圧－コレクタ電流特性）やFET（ゲート電圧－ドレイン電流特性），またはダイオード（小電流特性）などがある．

トランジスタを使用した基本的な変調回路では，信号波を入力する場所によっ

て，ベース変調回路，コレクタ変調回路，エミッタ変調回路の各方式がある．

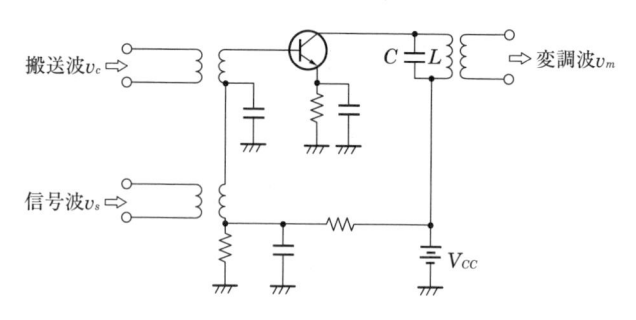

(1) ベース変調回路

　ベース変調回路では，トランジスタの$V_{BE}-I_C$特性の曲線部分を使用する．図12.5に示すように，搬送波と信号波を直列にベース端子に入力すると，コレクタ端子からは式(12.12)に示した電流成分が現れる．したがって，コンデンサCとコイルLで構成した共振回路の共振周波数を搬送波の周波数f_cにしておけば，出力端子から変調波を取り出すことができる．図12.6に，ベース変調回路の入力波形と出力波形の例を示す．

図12.5　ベース変調回路

　ベース変調回路では，信号波をベースに入力して搬送波とともに増幅するために，小さな信号波であっても変調できる．しかし，トランジスタの非線形性は，完全な**2乗特性**ではないことが**ひずみ**を生じる原因となる．したがって，この回路は，低出力で変調度の小さい変調波を得ればよいときに使用されることが多い．

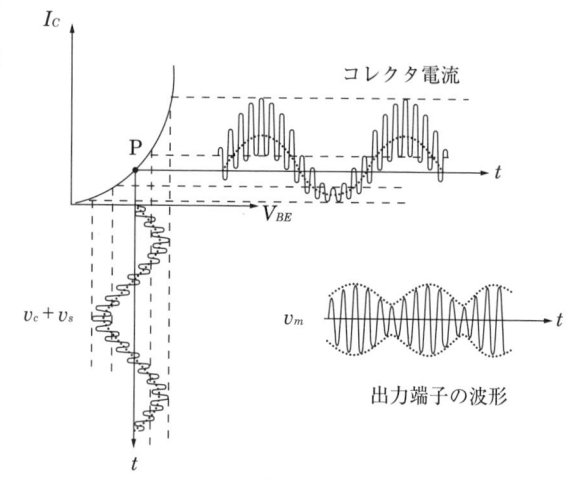

図12.6　ベース変調回路の波形

(2) コレクタ変調回路

コレクタ変調回路では，図12.7に示すように，信号波をコレクタへ入力する．すると，コレクタ電圧は電源電圧を中心として信号波の振幅分だけ変化し，負荷線は図12.8に示すように傾き一定で信号波に応じて移動する．

もし，負荷線が図12.8のⓐの位置になった場合には，コレクタ電流がほとんど変化しないために変調波を得ることはできない．しかし，搬送波入力を十分に大きくしてコレクタ電流を飽和させた状態ⓑで動作させれば，コレクタ電流を信号波の振幅に比例して変化させることができる．この変調回路は，コレクタ電流の**飽和領域**（直線部分）を使用するために**線形変調**と呼ばれ，比較的大きい変調度までひずみの少ない変調波を得ることができる．一方で，変調に必要な電力は大きくなるが，送信機の終段高周波電力増幅回路で変調をかける場合などに使用されている．

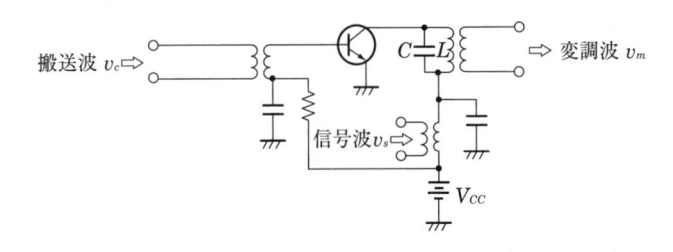

図 12.7　コレクタ変調回路

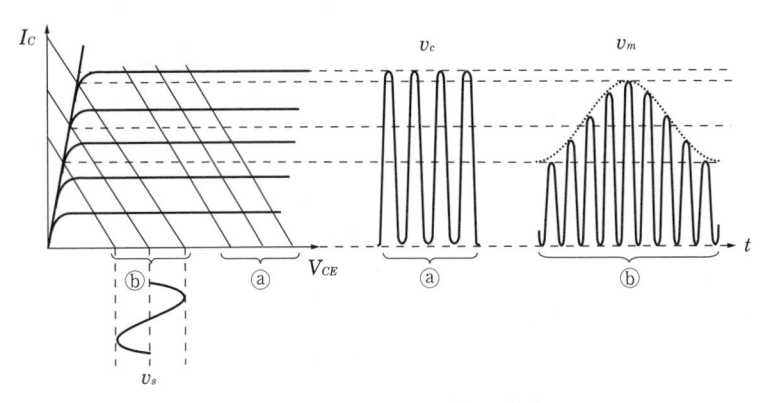

図 12.8　コレクタ変調の波形

12.4 AM復調回路

変調波から，元の信号波を取り出すことを**復調**または，**検波**という．復調回路（**検波回路**）には，回路を簡単に構成できるダイオードを用いた方法が使用されることが多い．

図12.9に示す回路に変調波を入力すると，**ダイオードの非線形特性**によって，図12.10に示すような出力が得られる．この出力を低周波成分のみ通過させる**低域フィルタ**に通せば，元の信号波を取り出すことができる．この方法は，**2乗復調**または**2乗検波**と呼ばれるが，取り出せる信号波の振幅が小さいことと，多くのひずみを含んでしまうのが欠点である．

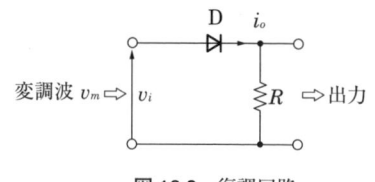

図12.9 復調回路

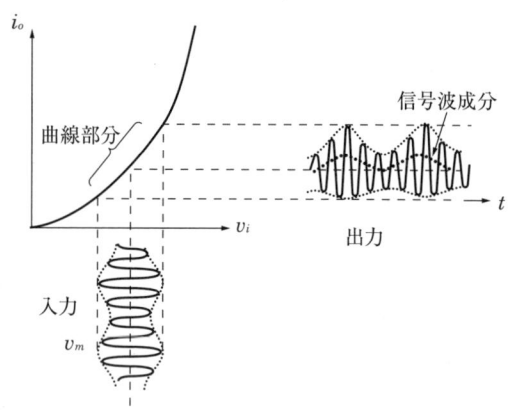

図12.10 2乗復調の波形

一方，先ほどと同じ図12.9の回路に，大きな変調波を入力した際には，図12.11に示すような出力が得られる．

この場合は，ダイオードの線形部分の特性を使用したと考えることができ，比較的ひずみの少ない信号波を取り出すことができる．この方法は，**線形復調**または**線形検波**と呼ばれる．

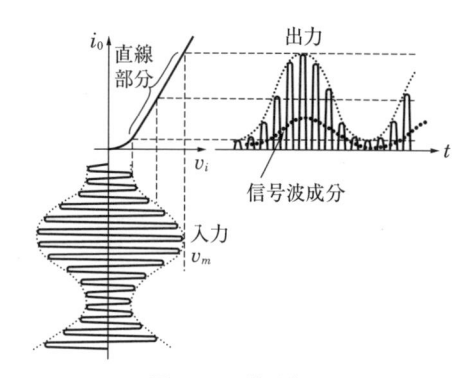

図12.11 線形復調の波形

これまで説明した復調方法では，取り出せる信号波の振幅が比較的小さく，変調波の成分が多く残ってしまう．そこで，図12.12に示すように適当な値のコンデンサを出力に接続すると，コンデンサの充放電特性によって，図12.13に示すように，包絡線に近い出力を取り出すことができる．

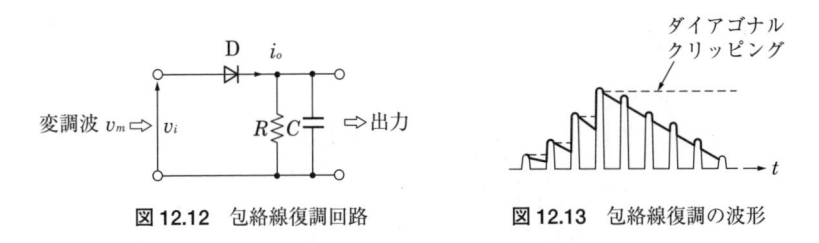

図 12.12 包絡線復調回路

図 12.13 包絡線復調の波形

この回路は，**包絡線復調**または**包絡線検波**と呼ばれ，広く使用されている．しかし，CR の時定数を適切に設定しないと，信号波の変化に追従できなくなり，**ダイアゴナルクリッピング**と呼ばれるひずみを生じるので注意が必要である．

12.5 搬送波抑圧変調

AMでは信号波の情報は上下の側波帯に含まれており，しかも，変調波の電力の大部分は搬送波が占めている（式(12.8)，(12.9)参照）．そこで，搬送波を取り除いて，情報を送信する**搬送波抑圧変調方式**が考えられた．この方式では，少ない電力で送信ができるが，変復調回路がAMよりも複雑になってしまうのが欠点である．搬送波抑圧変調方式には，次の3種類がある．

① **両側波帯変調**（**BSB** : both side-band modulation）
　搬送波のみを取り除く方式で，電力は減るが占有周波数帯域幅は変わらない．

② **単側波帯変調**（**SSB** : single side-band modulation）
　一方の側波帯のみを使用する方式で，占有周波数帯域幅は半分になる．

③ **残留側波帯変調**（**VSB** : vestigial side-band modulation）
　SSBと似ているが，搬送波に近い周波数の信号も保持できる．

● 演習問題12 ●

[1] 搬送波，信号波，変調波について説明しなさい．
[2] 日本の中波ラジオ放送の周波数は，9で割り切れることを確認しなさい．そして，その理由を説明しなさい．
[3] 次の変調波の変調度を計算しなさい．

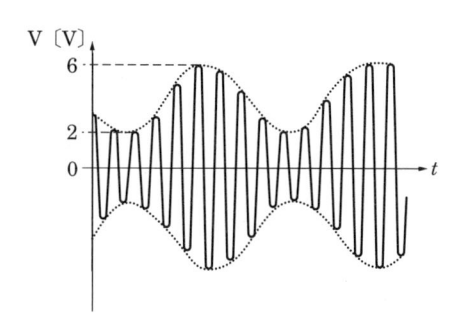

図12.14　変調波

[4] 過変調とはどういう現象か説明しなさい．
[5] 変調度が100％であるとき，搬送波と側波帯の電力比はいくらになるか．
[6] ベース変調回路の長所短所を説明しなさい．
[7] コレクタ変調回路の長所短所を説明しなさい．
[8] コレクタ変調回路では，コレクタ電流の飽和領域を使用する．この理由を説明しなさい．
[9] ダイオードを用いた復調において，非線形復調と線形復調を切り替える要素について説明しなさい．
[10] ダイオードを用いて，次式（式(12.4)）の変調波を2乗復調した後の信号に，搬送波，信号波，変調波などが含まれていることを示しなさい．
$$v_m = A_c(1+m\cos pt)\cos\omega t \quad\cdots\cdots\cdots\cdots\cdots\cdots\cdots\cdots\cdots\cdots\cdots\cdots(12.5)$$
[11] SSB波を得る方法を調べなさい．

第13章
周波数変調(FM)回路

振幅変調(AM)は,回路が簡単であるが,雑音が混入すると振幅の変化に直ちに影響してしまう欠点がある.一方,周波数変調(FM)は,信号波の振幅の変化を変調波の周波数変化に対応させる方式であり,雑音の影響を受けにくい利点がある.ここでは,FMとその復調の原理などについて学ぼう.

13.1 FMの原理

FMは,図13.1に示すように**信号波**の振幅に応じて**変調波**の周波数を変化させる変調方式である.

いま,**搬送波** v_c と信号波 v_s を,それぞれ式(13.1), (13.2)のように表す.ただし,A_c と A_s はそれぞれの波形の振幅,p は信号波の**角周波数**を表し,搬送波の初

搬送波 v_c

$2\pi/p$

信号波 v_s

周波数偏移 $\Delta\omega\cos pt$ — 最大周波数偏移 Δf

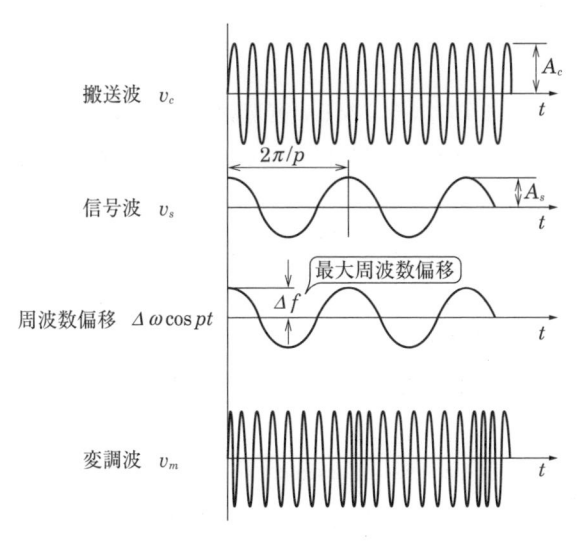

変調波 v_m

図 13.1 FMの波形

期位相 ϕ_0 は 0（ゼロ）とした．

$$v_c = A_c \cos \omega t \qquad \text{(13.1)}$$

$$v_s = A_s \cos pt \qquad \text{(13.2)}$$

FMとは，搬送波 v_c の角周波数を信号波 v_s によって変化させるのであるから，変調後の角周波数 ω_m は，搬送波の角周波数を ω として，式(13.3)のようになる．

$$\omega_m = \omega + \Delta\omega \cos pt \qquad \text{(13.3)}$$

式(13.3)の右辺第2項は，搬送波の周波数が，信号波によって偏移させられる量を示しているために**周波数偏移**と呼ばれる．

変調波の t 秒後の**位相角** θ は式(13.4)で与えられることから，変調波は式(13.5)のように表される．

$$\theta = \int_0^t \omega_m dt = \omega t + \frac{\Delta\omega}{p} \sin pt \qquad \text{(13.4)}$$

$$v_m = A_c \cos\theta = A_c \cos\left(\omega t + \frac{\Delta\omega}{p} \sin pt\right) \qquad \text{(13.5)}$$

式(13.5)から，変調波は振幅が一定で，周波数が変化することがわかる．また，式(13.6)に示す k を**変調指数**といい，これはAMの変調度に相当するものである．

$$k = \frac{\Delta\omega}{p} \qquad \text{(13.6)}$$

AMでは，変調度 m が 1 より大きくなると**過変調**と呼ばれる状態になり，ひずみを発生した．一方，FMでは，信号波によって変調波の周波数を変化させるために，この点からはひずみを生じることはない．しかし，後で学ぶように，k が大きくなるにつれて側波帯の数が多くなる．このため，占有周波数帯域幅を小さくしようとして帯域を制限しようとすると，そこで**ひずみ**を生じてしまう．

次に，FMの**占有周波数帯域幅**について考えよう．

式(13.5)に式(13.6)を代入して，式(13.7)に示す**加法定理**を用いた変形を行うと，式(13.8)が得られる．

$$\cos(\alpha + \beta) = \cos\alpha \cos\beta - \sin\alpha \sin\beta \qquad \text{(13.7)}$$

$$v_m = A_c \cos\omega t \cos(k \sin pt) - A_c \sin\omega t \sin(k \sin pt) \qquad \text{(13.8)}$$

ところで，n 次の**第1種ベッセル関数** $J_n(k)$ を用いると，式(13.8)に含まれる

項は，次のように展開できる．

$$\left.\begin{array}{l}\cos(k\sin pt) = J_0(k) + 2J_2(k)\cos 2pt + 2J_4(k)\cos 4pt + \cdots \\ \sin(k\sin pt) = 2J_1(k)\sin pt + 2J_3(k)\sin 3pt + \cdots\end{array}\right\} \cdots(13.9)$$

式(13.9)を，式(13.8)に代入して整理すると，式(13.10)のようになる．

$$\begin{aligned}v_m &= A_c[\cos\omega t\{J_0(k) + 2J_2(k)\cos 2pt + 2J_4(k)\cos 4pt + \cdots\} \\ &\quad - \sin\omega t\{2J_1(k)\sin pt + 2J_3(k)\sin 3pt + \cdots\}] \\ &= A_c\{J_0(k)\cos\omega t - J_1(k)(2\sin pt\sin\omega t) \\ &\quad + J_2(k)(2\cos 2pt\cos\omega t) - J_3(k)(2\sin 3pt\sin\omega t) \\ &\quad + J_4(k)(2\cos 4pt\cos\omega t) - \cdots\} \quad\cdots(13.10)\end{aligned}$$

公式(13.11)を用いて，式 (13.10)を整理すると，式(13.12)が得られる．

$$\left.\begin{array}{l}\cos\alpha\cos\beta = \frac{1}{2}\{\cos(\alpha+\beta) + \cos(\alpha-\beta)\} \\ \sin\alpha\sin\beta = \frac{1}{2}\{\cos(\alpha-\beta) - \cos(\alpha+\beta)\}\end{array}\right\} \cdots(13.11)$$

$$\begin{aligned}v_m &= A_c[J_0(k)\cos\omega t + J_1(k)\{\cos(\omega+p)t - \cos(\omega-p)t\} \\ &\quad + J_2(k)\{\cos(\omega+2p)t + \cos(\omega-2p)t\} \\ &\quad + J_3(k)\{\cos(\omega+3p)t - \cos(\omega-3p)t\} \\ &\quad + J_4(k)\{\cos(\omega+4p)t + \cos(\omega-4p)t\} + \cdots \quad\cdots(13.12)\end{aligned}$$

さらに，第1種ベッセル関数では，式(13.13)が成り立つ．

$$J_{-n}(k) = (-1)^n J_n(k) \cdots(13.13)$$

これを用いて，式(13.12)を書き換えると，次式のようになる．

$$v_m = A_c\left[\underbrace{J_0(k)\cos\omega t}_{搬送波} + \sum_{n=1}^{\infty}\{\underbrace{J_n(k)\cos(\omega+np)t}_{上側波帯} + \underbrace{J_{-n}(k)\cos(\omega-np)t}_{下側波帯}\}\right] \cdots(13.14)$$

式(13.14)の第1項は**搬送波**，第2項は**上側波帯**，第3項は**下側波帯**を示しており，FMでは，搬送波の周波数f_cの両側に信号波の周波数f_sの間隔で，無限の側波帯が生じることがわかる．そして，搬送波の振幅は$J_0(k)$に比例し，搬送波からn番目の上下側波帯の振幅は，$J_n(k)$に比例する．搬送波から十分に離れた側波帯の振幅は非常に小さくなり，変調指数kが小さい場合には$J_n(k)$も小さくなるので側波帯の数は少なくなる．図13.2に，FMの**周波数スペクトル**の例を示す．

13.1 FMの原理

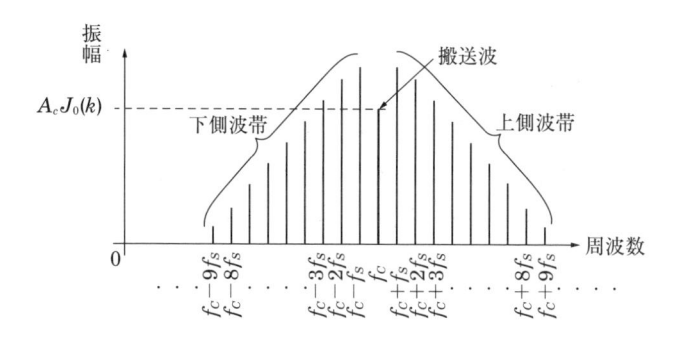

図13.2 周波数スペクトル

図13.3に，**第1種ベッセル関数**の変化の様子を示す．この図から，$k < 1$ のときには，J_2 以上は 0（ゼロ）の値になるので，J_0 と J_1 のみを考えればよいことがわかる．J_0 は搬送波，J_1 は搬送波に最も近い上下側波帯にかかる値である．したがって，この場合にはFMの占有側波帯帯域幅は，AMと同様に $2f_s$ となる．FMの占有側波帯帯域幅は，式(13.15)で示す値であると考えればよい．

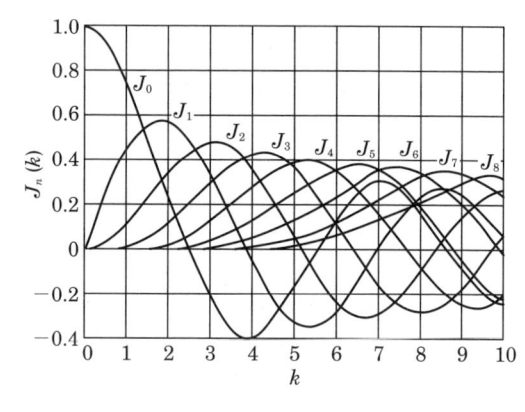

図13.3 第1種ベッセル関数 $J_n(k)$

$$B = 2(f_s + \Delta f) = 2f_s\left(1 + \frac{\Delta f}{f_s}\right) = 2f_s(1+k) \quad \cdots\cdots\cdots(13.15)$$

ただし，Δf は**最大周波数偏移**である．

例えば，**FMラジオ放送**では，$f_s = 15\mathrm{kHz}$，$\Delta f = 75\mathrm{kHz}$ であるため，**占有側波帯帯域幅** $B = 180\mathrm{kHz}$ となる．しかし，雑音に強いFMでは，音楽などを放送する**ステレオ方式**が一般的である．この場合には，$f_s = 53\mathrm{kHz}$ となり，$B = 256\mathrm{kHz}$ の帯域幅が必要である．したがって，FMを使用する場合には，搬送波として**VHF**以上の高い周波数を選択する必要がある．

13.2 FM回路

　FM波をつくるには，信号波の大きさによって発振回路を構成しているコイルかコンデンサの値を変化させて，発振周波数を変える方法がある．この方法は，**直接FM方式**と呼ばれ，回路は簡単であるが，水晶振動子を使用できないため発振周波数の安定度はよくない．一方，**間接FM方式**は，PMを用いてFM波を得る方法であり，回路は複雑になるが，安定した発振周波数を得ることができる（129ページ参照）．ここでは，直接FM方式について学ぼう．

(1) 可変容量ダイオードを用いた変調回路

　ダイオードは，加える逆方向電圧の大きさによって，pn接合付近の空乏層の広がりが変化する．**可変容量ダイオード**（バリキャップとも呼ばれる）は，この性質を使用して，印加電圧によって静電容量を変化させる電子部品である．可変容量ダイオードを LC 発振回路に接続しておくことで，信号波の大きさによって発振周波数を変化し，FM波を得ることができる．図13.4に，**ハートレー発振回路**に可変容量ダイオードを接続した回路例を示す．この方式は，回路が簡単であるが，ダイオードの温度係数が発振周波数の安定度に影響を与えるなどの問題がある．

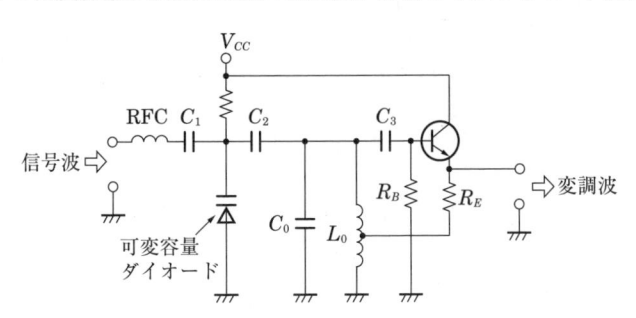

図13.4 可変容量ダイオードを用いたFM回路

(2) コンデンサマイクを用いた変調回路

　コンデンサマイクは，図13.5に示すように，振動板と固定電極でコンデンサを形成した構造をしている．このコンデンサの静電容量は，入力させた音波によって振動板が振動することで変化する．したがって，LC 発振回路にコンデンサマ

イクを接続すれば，音波によってFM波を得ることができる．この方式は，回路が特に簡単であり，**FMワイヤレスマイク**などに用いられている．

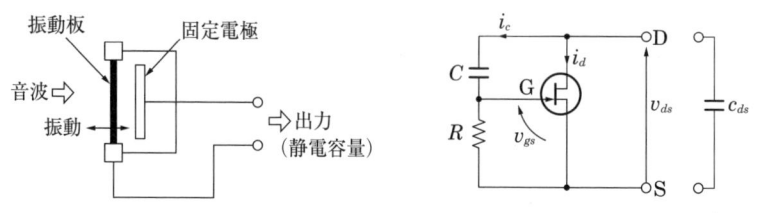

図 13.5 コンデンサマイクの構造　　**図 13.6** リアクタンストランジスタの原理

(3) リアクタンストランジスタを用いた変調回路

等価的にキャパシタンスまたはインダクタンスの性質をもつ回路を**リアクタンストランジスタ**という．図13.6に示すリアクタンストランジスタの原理図において，ゲート-ソース間の電圧v_{gs}は，式(13.16)で表される．

$$v_{gs} = i_c R = v_{ds} \frac{R}{R + \frac{1}{j\omega C}} = v_{ds} \frac{1}{1 + \frac{1}{j\omega CR}} \quad \cdots\cdots(13.16)$$

したがって，ドレイン電流i_dは，次式のようになる．

$$i_d = g_m v_{gs} = v_{ds} \frac{g_m}{1 + \frac{1}{j\omega CR}} \quad \cdots\cdots(13.17)$$

これより，ドレイン-ソース間のインピーダンスZは，次式のようになる．

$$Z = \frac{v_{ds}}{i_d} = \frac{1 + \frac{1}{j\omega CR}}{g_m} = \frac{1}{g_m}\left(1 + \frac{1}{j\omega CR}\right) \quad \cdots\cdots(13.18)$$

$CR \ll 1$が成り立つならば，式(13.18)は，次のようになる．

$$Z \fallingdotseq \frac{1}{j\omega CR g_m} \quad \cdots\cdots(13.19)$$

これより，ドレイン-ソース間には，式(13.20)で表される静電容量C_{ds}が存在していると考えることができる．

$$C_{ds} = g_m CR \quad \cdots\cdots(13.20)$$

つまり，相互コンダクタンスg_mを変化させれば，C_{ds}が変化するのである．よって，この回路をLC発振回路に接続すれば**FM波**を得ることができる．

実際にg_mを変化させるためには，**デュアルゲート**と呼ばれる2つのゲート端子をもつFETが用いられる．

また，図13.6で，RとCの接続位置を交換して，時定数を十分に大きくすれば，ドレイン-ソース間には等価的なインダクタンスが現れる．

13.3 FM復調回路

FMにおいて，変調波を復調する場合には，まず周波数の変化を振幅の変化に変換し，その後AMで用いた復調を行う．このような方式によって復調を行う回路を**周波数弁別回路**という．

(1) 復同調周波数弁別回路

LC並列共振回路では，周波数によって端子電圧が変化し，共振周波数で最大になる(83ページ参照)．**復同調周波数弁別回路**は，このことを利用したFM復調回路である．図13.7に回路例を示す．共振回路Ⓐは搬送波f_c，共振回路Ⓑは$f_c+\alpha$，共振回路Ⓒは$f_c-\alpha$に同調させておく．すると，共振回路Ⓑ，Ⓒの共振特性は，図13.8の破線で示すようになる．

それぞれの共振回路の出力電圧を，包絡線復調(119ページ参照)すると，逆向きの出力電流i_1とi_2が得られる．これより，無変調時は$i_1 = i_2$となり，出力端子には電圧が現れない．そして，変調波の周波数が低いときには$i_1 < i_2$，高いときには$i_1 > i_2$となり，出力端

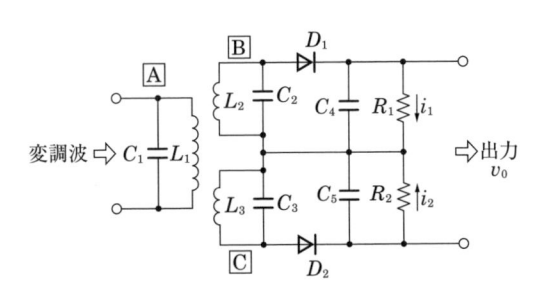

図13.7 復同調周波数弁別回路

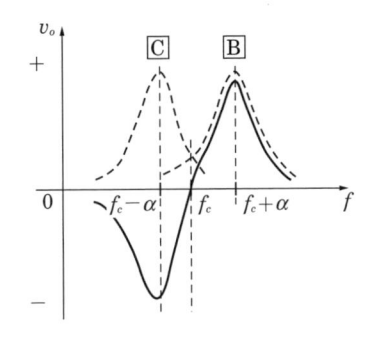

図13.8 復同調周波数弁別回路の周波数特性

子には，図13.8に実線で示すような負と正の電圧が現れる．この回路は，簡単な構成で良好な直線性が得られるために，搬送波の周波数が高い場合によく用いられている．

(2) フォスタ・シーリー周波数弁別回路

図13.9に，**フォスタ・シーリー周波数弁別回路**を示す．この回路では，2つの共振回路は，どちらも搬送波f_cに同調させてあり，v_2はv_iよりも90°進み位相となっている．そして，L_1とL_2はi_2による逆起電力がi_1の位相に影響しないように比較的弱い結合となっている．C_0とC_4のリアクタンスは，RFC（高周波チョークコイル）に対して十分小さいために，$v_L = v_i$と考えられる．また，アース端子eと端子a，b間の電圧v_a，v_bは，次式のようになる．

$$\left.\begin{array}{l}v_a = v_i + v_2/2 \\ v_b = v_i - v_2/2\end{array}\right\} \quad \cdots\cdots\cdots(13.21)$$

2つの包絡線復調回路を通った出力v_oは，式(13.22)のように表される．ただし，ηは整流効率である．

$$v_o = \eta(|v_a| - |v_b|) \quad \cdots\cdots\cdots(13.22)$$

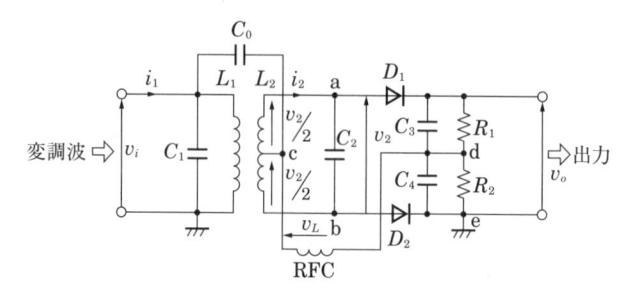

図13.9 フォスタ・シーリー周波数弁別回路

変調波が無変調だった場合，つまり変調波の周波数$f = f_c$のときには，v_aとv_bの振幅は等しいので，図13.10(a)に示すように，v_oはゼロである．しかし，$f > f_c$のときには，L_2C_2の共振回路が**誘導性**となり，i_2とv_2の位相が遅れ，図13.10(b)に示すように，v_oは正の値となる．また，$f < f_c$のときには，L_2C_2の共振回路が**容量性**となり，i_2とv_2の位相が進み，図13.10(c)に示すように，v_oは負の値となる．

(a) $f=f_c$　　　　(b) $f>f_c$　　　　(c) $f<f_c$

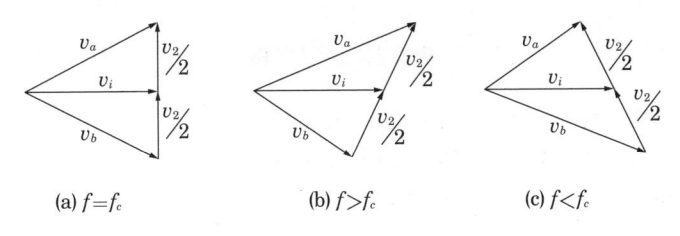

図 13.10　フォスタ・シーリー周波数弁別回路のベクトル

図13.11に，この回路の周波数特性を示す．フォスタ・シーリー周波数弁別回路は，調整が難しいが，復同調弁別回路よりも出力が大きく，直線性のよい特性が得られるので，広く用いられている．復同調弁別回路やフォスタ・シーリー周波数弁別回路では，変調波が振幅の変化を含んでいると，出力にその影響が大きく現れてしまう欠点がある．したがって，入力前に**振幅制限（リミッタ）回路**を設けて振幅の変化を除去する必要がある．

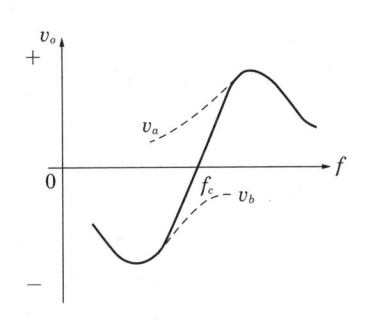

図 13.11　フォスタ・シーリー周波数弁別回路の周波数特性

13.4　位相変調（PM）

PMは，信号波の振幅によって，搬送波の位相を変化させる変調方式であり，式(13.23)で表される．ここで，ϕ_0は初期位相，mは**位相変調指数**である．

$$v_m = A_c \cos(\omega t + \phi_0 + m\cos pt) \quad\cdots\cdots(13.23)$$

この式を，式(13.24)の公式を使用して変形し，FM波の式(13.5)と比較すると，違いは位相偏移が$\pi/2$進んでいる点だけであることがわかる．

$$\cos pt = \sin\left(pt + \frac{\pi}{2}\right) \quad\cdots\cdots(13.24)$$

したがって，FMとPMはきわめて似た変調方式だと考えられるため，両者をまとめて**角度変調**と呼ぶ．PMは，直接的に周波数を変化させないので，回路に水晶振動子を使用して，安定度のよい変調波を得られる利点がある．

●演習問題13●

[1] FMの長所と短所をAMと比較して述べなさい．

[2] FMにおける周波数偏移とは何か説明しなさい．

[3] FMの変調波 v_m は，次式で表されることを示しなさい．

$$v_m = A_c \left[J_0(k)\cos\omega t + \sum_{n=1}^{\infty} \{J_n(k)\cos(\omega+np)t + J_{-n}(k)\cos(\omega-np)t\} \right]$$

[4] FMの上下側波帯はいくつあるか．また，変調指数 k が1よりも小さい場合には，どのように考えればよいか．

[5] 例えば，FM放送は，およそ80MHzの周波数を使用している．このように，FMで使用する搬送波の周波数が高い理由を説明しなさい．

[6] FM波をつくるために，バリキャップやコンデンサマイクを使用する方法がある．これらの方法に共通している原理について説明しなさい．

[7] 直接FM方式と間接FM方式について説明しなさい．

[8] 直接FM方式では，周波数安定度のよい変調波をつくるのが困難だといわれている．この理由を説明しなさい．

[9] 周波数弁別回路の基本動作について説明しなさい．

[10] 復同調周波数弁別回路（図13.7）では，2つの包絡線復調回路を備えている．この理由について説明しなさい．

[11] 復同調周波数弁別回路やフォスタ・シーリー周波数弁別回路における共通の欠点と，その対処法について説明しなさい．

[12] 次に示す，FMとPMの変調波を表す式から両者の違いについて説明しなさい．

$$\text{FM} : v_m = A_c \cos(\omega t + k\sin pt)$$

$$\text{PM} : v_m = A_c \cos(\omega t + m\cos pt)$$

第14章
電源回路

電源回路は，一般に，図14.1に示すような構成をしている．すなわち，交流を変圧回路（トランス）によって適当な電圧に変換した後，整流回路によって直流（実際には脈流）に整流する．その後，平滑回路によってリプル（脈動波）を低減し，さらに安定化回路で一定電圧を維持する．

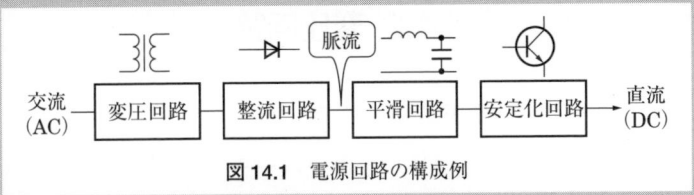

図14.1　電源回路の構成例

この章では，図14.1の各回路の原理や，小型な割に大きな電流を取り出すことのできるスイッチングレギュレータ回路などについて学ぼう．

14.1 電源回路の諸特性

(1) 電圧変動率

電圧変動率δとは，負荷の変化による出力電圧の変動を示す値であり，無負荷時（出力電流0（ゼロ））の出力電圧をV_0，負荷を接続したときの出力電圧をV_Lとすれば式(14.1)で表される．δの値が，小さいほどよい電源回路である．

$$\delta = \frac{V_0 - V_L}{V_L} \times 100 \;[\%] \quad\cdots\cdots(14.1)$$

(2) リプル率

後で学ぶように，整流後の出力には，**リプル**と呼ばれる脈動分が含まれている．**リプル率**γは，この度合いを示すものであり，出力の直流電圧をV_{DC}（電流I_{DC}），出力の交流電圧の実効値をV_r（電流I_r）とすると式(14.2)で表される．

$$\gamma = \frac{V_r}{V_{DC}} \times 100 = \frac{I_r}{I_{DC}} \times 100 \, [\%] \quad \cdots\cdots\cdots\cdots\cdots\cdots\cdots\cdots\cdots\cdots\cdots\cdots\cdots(14.2)$$

(3) 整流効率

整流効率 η は，入力した交流電力 P_{AC} のうち，出力となった直流電力 P_{DC} の割合を示すものであり，式(14.3)で表される．

$$\eta = \frac{P_{DC}}{P_{AC}} \times 100 \, [\%] \quad \cdots\cdots\cdots\cdots\cdots\cdots\cdots\cdots\cdots\cdots\cdots\cdots\cdots\cdots\cdots\cdots\cdots(14.3)$$

14.2 変圧回路

変圧回路として使用する**変圧器**（トランス）では，一次側と二次側の巻数比 n と電圧，電流の間に式(14.4)に示す関係が成立する．ただし，N_1, V_1, I_1 は一次側，N_2, V_2, I_2 は二次側の巻数，電圧，電流を示す（図14.2）．

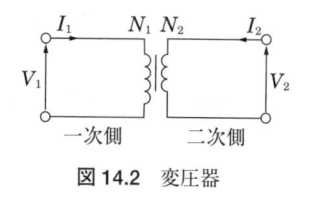

図 14.2 変圧器

$$n = \frac{N_1}{N_2} = \frac{V_1}{V_2} = \frac{I_2}{I_1} \quad \cdots\cdots\cdots\cdots\cdots\cdots\cdots\cdots\cdots\cdots\cdots\cdots\cdots\cdots\cdots\cdots(14.4)$$

また，一次側と二次側の電力 P は，式(14.5)に示す関係が成立する．

$$P = V_1 I_1 = V_2 I_2 \, [\mathrm{W}] \quad \cdots\cdots\cdots\cdots\cdots\cdots\cdots\cdots\cdots\cdots\cdots\cdots\cdots\cdots\cdots(14.5)$$

14.3 整流回路

交流を直流に変換する**整流回路**では，ダイオードを用いた各種の方式がある．

(1) 半波整流回路

図14.3に，**半波整流回路**を示す．入力電圧 v を式(14.6)，ダイオードの順方向抵抗 r_d を一定，負荷抵抗を R_L とすれば，出力電流 i は式(14.7)のようになる．

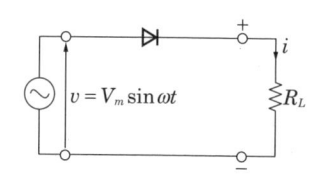

図 14.3 半波整流回路

$$v = V_m \sin \omega t \quad \cdots\cdots\cdots\cdots\cdots\cdots\cdots\cdots\cdots\cdots\cdots\cdots\cdots\cdots\cdots\cdots (14.6)$$

$$\left.\begin{array}{l} i = \dfrac{V_m}{r_d + R_L} \sin \omega t = I_m \sin \omega t \quad (0 \leq \omega t \leq \pi) \\ i = 0 \quad\quad\quad\quad\quad\quad\quad\quad\quad\quad\quad (\pi \leq \omega t \leq 2\pi) \end{array}\right\} \cdots\cdots\cdots\cdots (14.7)$$

また，入力電圧と出力電流の波形は，図14.4に示すようになる．

次に，この回路における諸特性を求めてみよう．はじめに，電圧変動率を求める．

直流電流 I_{DC} は，正弦波交流の平均値 I_a であるが，半波整流では，さらにその 1/2 となるため，式(14.8)が成立する．

$$\left.\begin{array}{l} I_a = \dfrac{2}{\pi} I_m \\ I_{DC} = \dfrac{1}{\pi} I_m \end{array}\right\} \cdots\cdots (14.8)$$

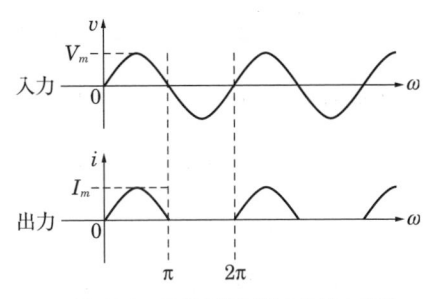

図14.4 半波整流回路の入出力波形

したがって，出力端子電圧 V_L は，式(14.9)のように示される．ただし，式(14.9)の最後では，式(14.10)に示す**部分分数**への変換を行っている．

$$V_L = R_L I_{DC} = \dfrac{I_m}{\pi} R_L = \dfrac{V_m}{\pi} \dfrac{R_L}{R_L + r_d} = \dfrac{V_m}{\pi} - I_{DC} r_d \quad \cdots\cdots\cdots\cdots (14.9)$$

$$\dfrac{V_m}{\pi} \dfrac{R_L}{R_L + r_d} = \dfrac{A}{\pi} - \dfrac{B}{R_L + r_d} \quad \cdots\cdots\cdots\cdots\cdots\cdots\cdots\cdots\cdots\cdots (14.10)$$

式(14.9)から，負荷に電流が流れていない場合の端子電圧 V_O は，式(14.11)のようになることがわかる．

$$V_O = \dfrac{V_m}{\pi} \quad \cdots\cdots\cdots\cdots\cdots\cdots\cdots\cdots\cdots\cdots\cdots\cdots\cdots\cdots\cdots (14.11)$$

これより，**電圧変動率** δ は，次式のようになる．

$$\delta = \dfrac{V_O - V_L}{V_L} \times 100 = \dfrac{r_d}{R_L} \times 100 \,[\%] \quad \cdots\cdots\cdots\cdots\cdots\cdots (14.12)$$

次に，**リプル率** γ を求めよう．負荷電流 i の実効値 I_{rms} は，式(14.13)のようになる．

$$I_{rms} = \sqrt{\frac{1}{2\pi}\int_0^{2\pi} i^2 d(\omega t)} = \sqrt{\frac{1}{2\pi}\int_0^{\pi}(I_m \sin \omega t)^2 d(\omega t)} = \frac{I_m}{2} \quad \cdots\cdots(14.13)$$

また，I_{rms}と，直流成分I_{DC}，交流成分の実効値I_rには，次の関係が成り立つ．

$$I_{rms}^2 = I_{DC}^2 + I_r^2 \quad \cdots\cdots\cdots\cdots\cdots\cdots\cdots\cdots\cdots\cdots\cdots\cdots\cdots\cdots(14.14)$$

よって，リプル率γは，式(14.15)のようになる．

$$\gamma = \frac{I_r}{I_{DC}} = \frac{\sqrt{I_{rms}^2 - I_{DC}^2}}{I_{DC}} = \sqrt{\frac{\pi^2}{4}-1} = 1.21 = 121 \, [\%] \quad \cdots\cdots(14.15)$$

整流効率ηを求める．出力の直流電力P_{DC}は，次式で与えられる．

$$P_{DC} = I_{DC}^2 R_L = \left(\frac{I_m}{\pi}\right)^2 R_L = \frac{1}{\pi^2}\left(\frac{V_m}{R_L+r_d}\right)^2 R_L \quad \cdots\cdots\cdots\cdots(14.16)$$

一方，式(14.7)に示した半波正弦波を式(14.17)のように**フーリエ級数**に展開すると，第1項に直流分，第2項に入力の交流と同じ周波数成分，第3項以降に**高調波成分**が現れる．

$$i = I_m\left\{\frac{1}{\pi}+\frac{1}{2}\sin\omega t - \frac{2}{\pi}\left(\frac{1}{3}\cos 2\omega t + \frac{1}{15}\cos 4\omega t + \cdots + \frac{1}{4n^2-1}\cos 2n\omega t\right)\right\} \cdots(14.17)$$

電力では，電圧と同じ周波数成分である第2項を考えればよいから，入力の交流電力は，電圧と電流の実効値の積となり，次式で表される．

$$P_{AC} = \frac{V_m}{\sqrt{2}}\left(\frac{I_m}{2}\times\frac{1}{\sqrt{2}}\right) = \frac{V_m I_m}{4} \quad \cdots\cdots\cdots\cdots\cdots\cdots\cdots\cdots\cdots(14.18)$$

したがって，整流効率ηは，式(14.19)のようになり，ダイオードの順方向抵抗r_dが十分小さければ，40.6%となる．

$$\eta = \frac{P_{DC}}{P_{AC}} = \left(\frac{2}{\pi}\right)^2 \frac{R_L}{R_L+r_d} \times 100 = 40.6 \times \frac{R_L}{R_L+r_d} \, [\%] \quad \cdots\cdots\cdots(14.19)$$

以上のように，半波整流回路は，きわめて簡単な構成ではあるが，リプルが多く，整流効率もよくない．

(2) 全波整流回路

図14.5に**全波整流回路**，図14.6にその入出力波形を示す．

この回路は，2個のダイオードが，交互に導通と非導通に切り替わり，半波整

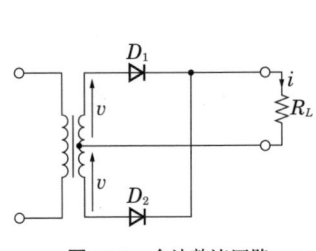

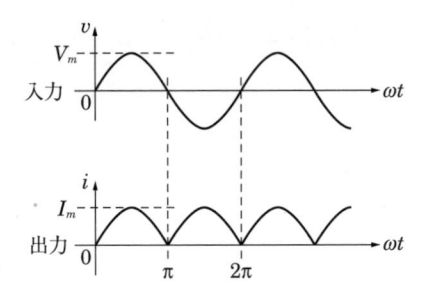

図 14.5 全波整流回路   **図 14.6** 全波整流回路の入出力波形

流では切り捨てていた負の入力波形を取り出すことが可能となる．

直流電流 I_{DC} は正弦波交流の平均値，負荷電流の実効値 I_{rms} は正弦波交流の実効値と等しくなるために，式(14.20)が成立する．

$$\left.\begin{array}{l} I_{DC} = \dfrac{2}{\pi} I_m \\ I_{rms} = \dfrac{I_m}{\sqrt{2}} \end{array}\right\} \cdots\cdots\cdots\cdots\cdots\cdots\cdots\cdots\cdots\cdots (14.20)$$

よって，**リプル率** γ は，次式のようになる．

$$\gamma = \frac{\sqrt{I_{rms}^2 - I_{DC}^2}}{I_{DC}} = \sqrt{\left(\frac{\pi}{2\sqrt{2}}\right)^2 - 1} \fallingdotseq 48.3\% \quad\cdots\cdots\cdots\cdots (14.21)$$

また，出力の直流電力 P_{DC} と入力の交流電力 P_{AC} は，式(14.22)で表される．

$$\left.\begin{array}{l} P_{DC} = I_{DC}^2 R_L = \left(\dfrac{2}{\pi} I_m\right)^2 R_L = \dfrac{4}{\pi^2}\left(\dfrac{V_m}{R_L + r_d}\right)^2 R_L \\ P_{AC} = \dfrac{V_m}{\sqrt{2}} \times \dfrac{I_m}{\sqrt{2}} = \dfrac{V_m I_m}{2} \end{array}\right\} \cdots\cdots (14.22)$$

したがって，**整流効率** η は，式(14.23)のようになり，ダイオードの順方向抵抗 r_d が十分小さければ，81.1％となる．

$$\eta = \frac{P_{DC}}{P_{AC}} = \frac{4}{\pi^2}\left(\frac{V_m}{R_L + r_d}\right)^2 R_L \times \frac{2}{V_m I_m} = \frac{8}{\pi^2} \frac{R_L}{R_L + r_d} \times 100$$
$$\fallingdotseq 81.1 \times \frac{R_L}{R_L + r_d} [\%] \quad\cdots\cdots\cdots\cdots\cdots\cdots\cdots\cdots (14.23)$$

つまり，全波整流回路は，半波整流回路に比べて高性能であることがわかる．

図 14.5 に示した全波整流回路では，**中間タップ**のついたトランスを使用する必要があった．一方，図 14.7 に示す**ブリッジ形全波整流回路**では，トランスの

中間タップが不要である．また，非導通のダイオードに加わる逆電圧は，図14.5の回路の半分となる．しかし，ダイオード4個を必要とし，ダイオードの順方向での電圧降下は2倍となる．ブリッジ形全波整流回路は，電子回路用の整流回路として広く使用されている．

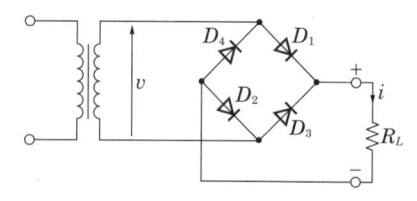

図14.7　ブリッジ形全波整流回路

(3) 倍電圧整流回路

コンデンサを充電することで，入力の交流電圧よりも大きな直流電圧を出力する回路を**倍電圧整流回路**という．図14.8に，**全波倍電圧整流回路**を示す．交流の正の半周期でダイオードD_1が導通してコンデンサC_1を充電する．また，負の半周期では，ダイオードD_2が導通してコンデンサC_2を充電する．したがって，出力端子からは，2つのコンデンサの端子電圧の和を取り出すことができる．この回路を用いれば，トランスを使用しなくても大きな電圧を得ることができるが，電圧降下を防ぐために大容量のコンデンサが必要となる．

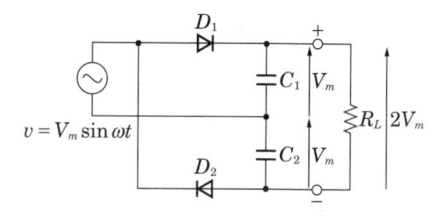

図14.8　全波倍電圧整流回路

14.4 平滑回路

整流回路からの出力には，大きな**リプル**分が含まれているために，そのまま電子回路の電源として使用することはできない．**平滑回路**は，リプル分を抑制し，完全な直流に近づけるための**フィルタ回路**である．図14.9は，半波整流回路に平滑回路としてのコンデンサを接続したものである．ダイオードの導通時にはコンデンサを充電し，非導通時には放電することで，図14.10に示すように，出力電圧のリプル分を抑制することができる（119ページ包絡線復調回路を参照）．

また，インダクタンスは，交流分を通過させにくいという性質を利用してリプ

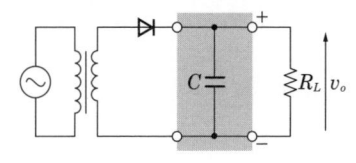

図 14.9　コンデンサによる平滑回路

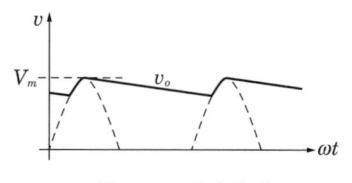

図 14.10　出力波形

ル分を抑制する平滑回路を考えることもできる．この場合には，ダイオードの出力側に**チョークコイル**を直列に接続する．しかし，チョークコイルは高価でサイズが大きいので，一般的には，コンデンサによる平滑回路を使用し，その後，次に学ぶ安定化回路を接続することが多い．

14.5 安定化回路

電源回路において，交流入力や負荷の変動によって出力電圧が変化してしまうのを抑制するために，**安定化回路**が用いられる．図14.11に，安定化回路の構成例を示す．この回路では，**検出回路**で取り出した出力電圧を，**比較回路**で基準電圧と比較し，その差によって制御回路に制御信号を送る．**制御回路**では，制御信号によって，内部抵抗を変化させ，出力電圧を一定に保つようにしている．

図14.12に，**ツェナーダイオード**（定電圧ダイオード）ZDを使用して**基準電圧**を得ている安定化回路の例を示す．何らかの原因で，出力電圧 V_o が減少した場合を例として，回路の動作を考えよう．

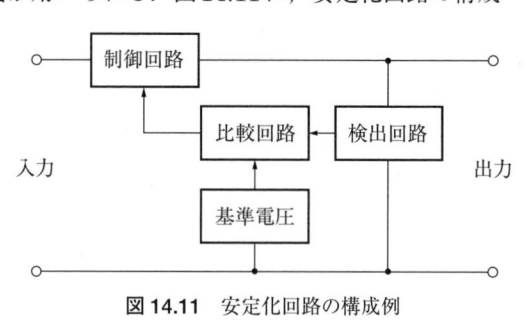

図 14.11　安定化回路の構成例

図 14.12　安定化回路

① V_O が減少したとする．

② V_2 も，減少する．

③ Tr_1 のエミッタ電圧は，ZDによって一定に保たれているために，V_{BE1} が減少する．

④ Tr_1 では，ベース電流が減少するため，コレクタ電流 I_{C1} も減少する．

⑤ R_4 による電圧降下 V_4 が減少する．

⑥ Tr_2 のコレクタ－エミッタ間電圧 V_{CE2} はほぼ一定であるため，V_4 の減少によって，V_{BE2} が増加する．

⑦ Tr_2 のベース電流が増加する．

⑧ Tr_2 の内部抵抗が減少し，エミッタ電流 I_{E2} が増加する．

⑨ V_O が増加する．したがって，①の変化を抑制する．

14.6 スイッチングレギュレータ回路

前に学んだ安定化回路では，取り出す電流の大きさに比例して大型の**電源トランス**を必要とし，また，制御部のトランジスタによる損失が避けられないなどの問題がある．これらの問題を解決するために開発されたのが，**スイッチングレギュレータ回路**である．

図14.13に示すような回路において，スイッチSWをON／OFFした場合，その出力電圧の波形は，SWのON／OFF時間の違いによって変化する．このことを用いると，例えば，図14.14に示すように，**平均電圧 V_a** の異なる出力を得ることができる．このように，スイッチングレギュレータ回路では，SWを高速に

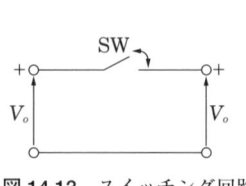

図 14.13 スイッチング回路

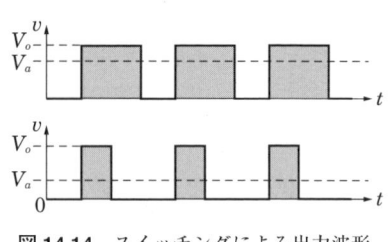

図 14.14 スイッチングによる出力波形

スイッチング動作させて，目的の電圧を得るのである．

通常は，SWにトランジスタを使用して，およそ20〜100kHzの方形波を得る．したがって，一般の交流50〜60Hzよりも高い周波数を使用するために，トランスを小型化できる利点がある．一方，欠点としては，回路が複雑で**リプル電圧**が大きいことなどがある．

図14.15にスイッチングレギュレータ回路の構成と外観の例を示す．

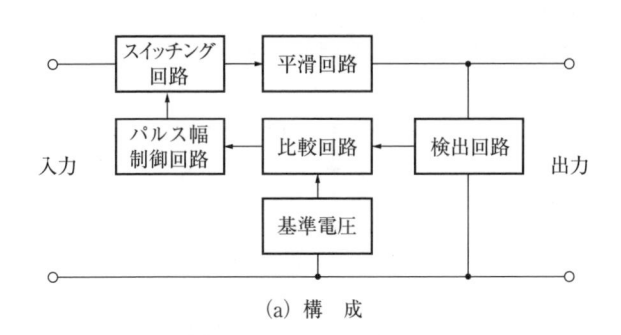

(a) 構 成

(b) 外 観

図14.15 スイッチングレギュレータ回路

●演習問題14●

[1] 無負荷時の出力電圧が12Vの電源回路に負荷を接続したら，出力電圧は11.6Vに変化した．この電源回路の電圧変動率を求めなさい．
[2] 半波整流回路のリプル率と整流効率を算出しなさい．
[3] 全波整流回路のリプル率と整流効率を算出しなさい．
[4] 上記［2］，［3］の値を比較して，検討しなさい．
[5] ブリッジ形全波整流回路の特徴について説明しなさい．
[6] 次に示す整流回路の働きについて説明しなさい．

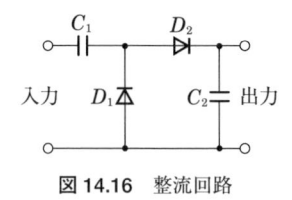

図 14.16　整流回路

[7] 平滑回路では，コンデンサを用いたフィルタが使用されることが多い．この理由を説明しなさい．
[8] 次に示す安定化回路において，検出回路，基準電圧，比較回路，制御回路は主にどの部品に対応するか答えなさい．また，何らかの理由で，出力電圧 V_o が増加してしまった場合の回路の動作を説明しなさい．

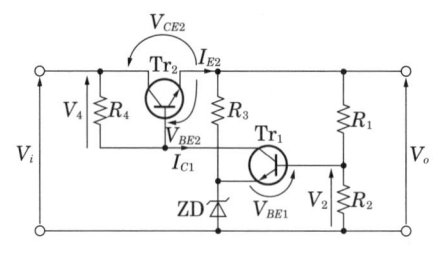

図 14.17　安定化回路

[9] スイッチングレギュレータ回路の特徴を説明しなさい．

演習問題解答

1章 解答 …………………………………… 142
2章 解答 …………………………………… 143
3章 解答 …………………………………… 144
4章 解答 …………………………………… 145
5章 解答 …………………………………… 147
6章 解答 …………………………………… 148
7章 解答 …………………………………… 149
8章 解答 …………………………………… 150
9章 解答 …………………………………… 150
10章 解答 …………………………………… 151
11章 解答 …………………………………… 152
12章 解答 …………………………………… 153
13章 解答 …………………………………… 154
14章 解答 …………………………………… 155

● 演習問題解答 ●

1章

[1]

半導体	多数キャリア	少数キャリア
p形	正孔（ホール）	自由電子
n形	自由電子	正孔（ホール）

[2] 真性半導体は，外部から光などのエネルギーが加わった場合にのみ自由電子や正孔（キャリア）を生じる．しかし，不純物半導体では，少数混入した3価または5価の元素によって，正孔または自由電子を生じているために電流をより流しやすい．

[3] ダイオードの順方向電圧を0.6Vとすると，$V_D = 1.2$V，$V_R = 3.8$Vとなる．

[4] 式(1.1)を使う．

順方向電圧 V_a [V]	順方向電流 I [mA]
0.05	0.006
0.10	0.047
0.15	0.329
0.20	2.271
0.25	15.68
0.30	108.2

[5] 逆方向電圧を増加してくと，ある電圧で急激に大きな逆方向電流が流れる現象(4ページ参照)．

[6] V_{CE}は主として，ベース領域に達した自由電子（またはホール）をコレクタ領域に取り込むための電圧として使われる．したがって，I_Cの大きさはI_Bに依存する．

[7] I_Bがある値以下ではI_BとI_Cは比例する．しかし，I_Bがある値以上になるとI_Cは飽和状態となる．

[8] pn接合の空乏層領域の大きさを変化させて，チャネルを通過するキャリアの数（電流量）をコントロールする．

[9] V_{GS}を増加していった場合に，空乏層がチャネルを完全にふさいだときの電圧．

[10] FETは，単一の多数キャリアのみでドレイン電流を制御しているため．ユニポーラ（unipolar）は単極，バイポーラ（bipolar）は両極という意味である．

2章

[1]

$$I_B = -\frac{V_{BE}}{R_1} + \frac{E_1}{R_1} = -10V_{BE} + 30 \,[\mu A] \text{ より}$$

$$\begin{cases} V_{BE} = 0 \text{ のとき,} & I_B = 30\mu A \\ V_{BE} = 1V \text{ のとき,} & I_B = 20\mu A \end{cases}$$

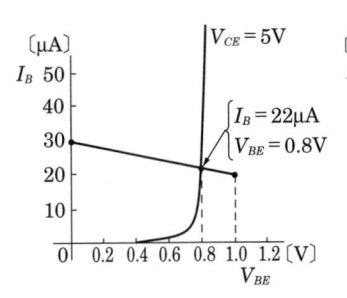

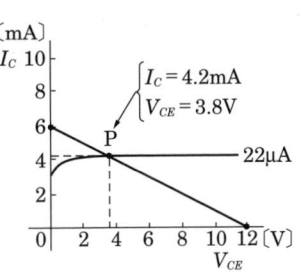

$$I_C = -\frac{V_{CE}}{R_2} + \frac{E_2}{R_2} = -0.5V_{CE} + 6 \,[\text{mA}] \text{ より}$$

$$\begin{cases} V_{CE} = 0 \text{ のとき,} & I_C = 6\text{mA} \\ V_{CE} = 12V \text{ のとき,} & I_C = 0 \end{cases}$$

答 $I_C = 4.2\text{mA},\quad V_{CE} = 3.8\text{V}$

[2]

$$h_{FE} = \frac{I_C}{I_B} = \frac{4.2\text{mA}}{22\mu A} = 190.9$$

[3] 16ページ参照

[4]

$$A_v = \left|\frac{-h_{fe}}{h_{ie}} \times R_L\right| = \frac{180}{2.5\text{k}\Omega} \times 2\text{k}\Omega = 144$$

$$G_v = 20\log_{10} A_v = 20\log_{10} 144 = 43.17\text{dB}$$

[5] エミッタ接地の h のパラメータにおいて,$h_{re} = h_{oe} = 0$ とみなすと

$$v_{be} = h_{ie}i_b$$

$$i_c = h_{fe}i_b$$

また,エミッタ接地とコレクタ接地の電圧と電流には次の関係がある.

$$v_{be} = v_{bc} - v_{ec}$$

$$i_c = -(i_e + i_b)$$

これを上式に代入すると
$$v_{bc} = h_{ie}i_b + v_{ec}$$
$$i_e = -(h_{fe}+1)i_b$$
これをコレクタ接地のhパラメータの式（18ページ参照）と比較すると
$$h_{ic} = h_{ie},\ h_{rc} = 1,\ h_{fc} = -(h_{fe}+1),\ h_{oc} = h_{oe} = 0$$
を得る。

[6] $\alpha = \dfrac{\beta}{1+\beta} = \dfrac{h_{FE}}{1+h_{FE}} = \dfrac{180}{181} = 0.99$

3章

[1] 温度上昇に伴って，流れる電流が増加していき，増加した電流の流れによって，さらにトランジスタの温度が上昇していく悪循環のこと．

[2] I_{CBO}, V_{BE}, h_{FE}

[3] 熱による変化（温度が上昇するとh_{FE}は増加する）と，製品によるばらつきがある．

[4] SiトランジスタではI_{CBO}の値は小さく，V_{BE}の値が大きく，Geトランジスタではこの逆となる．このことにより，熱による変動を考える場合には，SiトランジスタではV_{BE}，GeトランジスタではI_{CBO}を重視する．

[5] ①電流帰還バイアス回路

② $V_{RA} = \dfrac{R_A}{R_A + R_B} V_{CC} = 2\text{V}$

$I_C \fallingdotseq I_E$ より

$I_C = \dfrac{V_{RA} - V_{BE}}{R_E} = 0.7\text{mA}$

$I_B = \dfrac{I_C}{h_{FE}} = 3.5\mu\text{A}$

[6] ①固定バイアス回路

② $\beta = h_{FE}$とすると

$S_I = 1 + \beta = 201$

$S_V = -\dfrac{\beta}{R_B} = -0.67 \times 10^{-3}$

$S_H = I_{CBO} + \dfrac{V_{CC} - V_{BE}}{R_B} = 2.9 \times 10^{-5}$

[7] ① R_E を大きくするほど安定度はよくなるが，R_E での電圧降下が電源電圧の利用率を低下させてしまう．

② XY 端子より R_A 側を見てテブナンの定理を適用する．

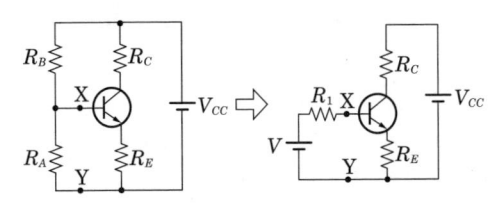

$$V = \frac{R_A}{R_A + R_B} V_{CC}$$

$$R_1 = \frac{R_A \cdot R_B}{R_A + R_B}$$

$$V = I_B R_1 + (I_B + I_C) R_E + V_{BE}$$

$$I_B = \frac{V - I_C R_E - V_{BE}}{R_1 + R_E} \quad \cdots\cdots ①$$

式①を，式(3.16)に代入する．

$$I_C \left(1 - \alpha + \frac{\alpha R_E}{R_1 + R_E} \right) = I_{CBO} + \frac{\alpha(V - V_{BE})}{R_1 + R_E}$$

これより

$$S_I = \frac{\partial I_C}{\partial I_{CBO}} = \frac{1}{\left(1 - \alpha + \frac{\alpha R_E}{R_1 + R_E} \right)}$$

$$S_V = \frac{\partial I_C}{\partial V_{BE}} = \frac{-\alpha}{R_E + (1 - \alpha) R_1}$$

4章

[1] 図(a)の回路において，端子 AB 間をショートした場合に，出力に流れる電流が I_o であるとき，図(b)の定電流源等価回路が得られる．これを，ノートンの定理という．図(b)で，$I_o = V_o / Z_o$ が成り立つ．

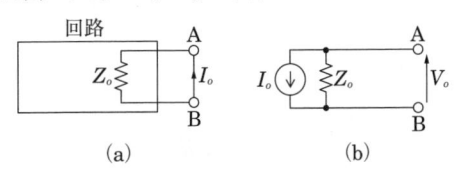

[2] ①

（等価回路図：v_i — R_A ∥ R_B ∥ h_{ie} — i_b — $h_{fe}i_b$（電流源）∥ R_C — v_o、i_c）

②
$$A_v = \frac{h_{fe}}{h_{ie}} R_C = \frac{200}{2 \times 10^3} \times 5 \times 10^3 = 500$$

③ 入力インピーダンス $Z_i = R_A \mathbin{/\mkern-6mu/} R_B \mathbin{/\mkern-6mu/} h_{ie} = 1.8\mathrm{k}\Omega$

出力インピーダンス $Z_o = R_C = 5\mathrm{k}\Omega$

④ f_L は C_E の値でほぼ決まると考えると，

$$f_L = f_{LE} = \frac{1}{2\pi C_E R_E}\left(1 + \frac{h_{fe} \cdot R_E}{h_{ie}}\right) \quad 式(4.21) より$$

$$C_E = \frac{1}{2\pi f_{LE} R_E}\left(1 + \frac{h_{fe} \cdot R_E}{h_{ie}}\right)$$

$$= \frac{1}{2\pi \cdot 20 \cdot 1 \times 10^3}\left(1 + \frac{200 \times 1 \times 10^3}{2 \times 10^3}\right) \fallingdotseq 804\mu\mathrm{F}$$

804μF 以上にすればよい．

[3] h パラメータは，h_{re}，h_{oe} を測定する際に入力端子をオープンにするため，高周波においては分布容量の影響が無視できなくなってしまう．一方，y パラメータでは，入出力端子をショートして測定するため分布容量の影響を受けにくい．

[4] 図4.13で，R_A，$R_B \gg h_{ie}$ とする．

$$v_i = i_b h_{ie}$$

$$v_o = h_{fe} i_b \frac{R_C}{R_C + \left(R_i + \dfrac{1}{j\omega C_2}\right)} R_i$$

$$A_{v2} = \left|\frac{v_o}{v_i}\right| = \left|\frac{h_{fe}}{h_{ie}} \cdot \frac{R_C}{R_C + \left(R_i + \dfrac{1}{j\omega C_2}\right)} R_i\right|$$

$$= \left|\frac{h_{fe}}{h_{ie}} \cdot \frac{R_C R_i}{R_C + R_i} \cdot \frac{1}{1 + \dfrac{1}{j\omega C_2 (R_C + R_i)}}\right|$$

$R_L = \dfrac{R_C R_i}{R_C + R_i}$ とすると

$$A_{v2} = \left|\frac{h_{fe}}{h_{ie}} \cdot R_L \cdot \frac{1}{1 + \dfrac{1}{j\omega C_2(R_C + R_i)}}\right| \quad \cdots\cdots(4.14)$$

$\omega C_2(R_C + R_i) = 1$ のとき

$$A_{v2} = A_v \left| \frac{1}{1+\frac{1}{j}} \right| = A_v \frac{1}{\sqrt{2}}$$ となる.

よって, $2\pi f_{L2} C_2(R_C + R_i) = 1$ より

$$f_{L2} = \frac{1}{2\pi C_2(R_C + R_i)} \quad \cdots\cdots\cdots\cdots\cdots\cdots\cdots\cdots\cdots\cdots\cdots\cdots (4.16)$$

[5] 周波数が高くなるのに伴って h_{fe} が減少する. また, 電極間の分布容量の影響が大きくなってくる.

5章

[1] トランジスタの h_{FE} は, 温度が上昇するにつれて増加するために熱暴走する危険があるが, FET のドレイン電流 I_D は負の温度係数をもつために, この心配はない.

[2] 43 ページ参照

[3]

動作量	ソース接地	ゲート接地	ドレイン接地
入力インピーダンス	∞	$\frac{r_d + R_L}{1+\mu}$	∞
出力インピーダンス	r_d	$r_d + (1+\mu)R_S$	$\frac{r_d}{1+\mu}$
電圧増幅度	$-\frac{\mu R_L}{r_d + R_L}$	$\frac{(1+\mu)R_L}{r_d + R_L}$	$\frac{\mu R_L}{r_d + (1+\mu)R_L}$
電流増幅度	∞	1	∞

[4] 入力側の抵抗 R_S は出力側から見ると $(1+\mu)$ 倍に, 出力側の抵抗 R_L は入力側からみると $1/(1+\mu)$ 倍に見える. また, 低周波領域では, 電流増幅度は 1 となる.

[5] 図 5.16(a) の等価回路より, 式 (5.35)〜(5.37) が成立する.

$$v_{gs} = v_i - v_o \quad \cdots\cdots\cdots\cdots\cdots\cdots\cdots\cdots\cdots\cdots\cdots\cdots\cdots\cdots (5.35)$$

$$i_d = \frac{-\mu v_{gs} + v_o}{r_d} \quad \cdots\cdots\cdots\cdots\cdots\cdots\cdots\cdots\cdots\cdots\cdots\cdots (5.36)$$

$$v_o = \frac{\mu R_L}{r_d + R_L} v_{gs} \quad \cdots\cdots\cdots\cdots\cdots\cdots\cdots\cdots\cdots\cdots\cdots\cdots (5.37)$$

$v_i = 0$ のときは, 式 (5.35) から, $v_{gs} = -v_o$ なので, これと式 (5.36) より Z_{od} を得ることができる. また, 式 (5.35) と (5.37) より A_v が得られる.

[6] 図5.16(a)の等価回路より，式(5.38)，(5.39)が成立する．

$$v_{gs} = v_i - v_o \quad \cdots\cdots\cdots\cdots\cdots\cdots\cdots\cdots\cdots\cdots\cdots\cdots(5.38)$$

$$i_d = \frac{\mu v_{gs}}{r_d + R_L} \quad \cdots\cdots\cdots\cdots\cdots\cdots\cdots\cdots\cdots\cdots\cdots(5.39)$$

式(5.38)を(5.39)に代入すると，式(5.40)のようになる．

$$i_d = \frac{\mu}{r_d + R_L}(v_i - R_L i_d) \quad \cdots\cdots\cdots\cdots\cdots\cdots\cdots(5.40)$$

式(5.40)を i_d について解いた式(5.41)より，等価回路(b)が得られる．

$$i_d = \frac{\mu v_i}{r_d + (1+\mu)R_L} = \frac{\dfrac{\mu}{1+\mu}v_i}{\dfrac{r_d}{1+\mu} + R_L} \quad \cdots\cdots\cdots(5.41)$$

6章

[1] 長所：各段が直流的に切り離されているため，バイアス回路を設計しやすい．
　　　　周波数帯域が比較的広い．
　短所：直流分を含む信号は増幅できない．

[2] 長所：電力損失が少ない．
　短所：周波数特性がよくない．トランスは電子部品としては大型である．

[3] 長所：周波数特性が非常によい．
　短所：バイアス回路の安定化対策が必要となる．

[4] ミラー効果（54ページ）によって，入力側からは，$C(1 + A_v)$ の静電容量が挿入されているように見える．このため，周波数特性が悪くなる要因となってしまう．

[5] 低域周波数では，結合コンデンサのリアクタンス成分の影響を無視できなくなる．高域では，出力側の静電容量の影響で増幅度が低下する．

[6] ①中域周波数

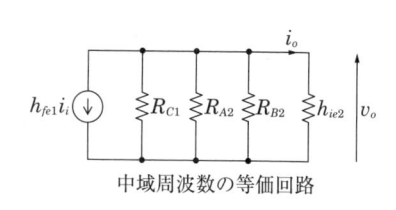

$R_{OM} = R_{C1} /\!/ R_{A2} /\!/ R_{B2} /\!/ h_{ie2}$
とすると
$v_o = -h_{fe1} i_i R_{OM}$
$i_o = \dfrac{v_o}{h_{ie2}}$
$A_{iM} = \dfrac{i_o}{i_i} = -\dfrac{h_{fe1} R_{OM}}{h_{ie2}}$

中域周波数の等価回路

②低域周波数

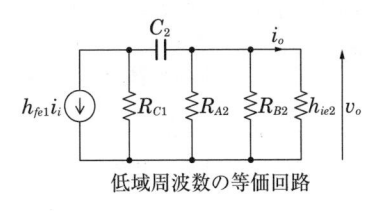

$R_{OL} = R_{A2} // R_{B2} // h_{ie2}$ とすると

$$v_o = -\frac{h_{fe1} i_i R_{C1} R_{OL}}{R_{C1} + \frac{1}{j\omega C_2} + R_{OL}}$$

$$i_o = \frac{v_o}{h_{ie2}}$$

$$A_{iL} = \frac{i_o}{i_i} = -\frac{h_{fe1} R_{C1} R_{OL}}{h_{ie2}\left(R_{C1} + \frac{1}{j\omega C_2} + R_{OL}\right)}$$

低域周波数の等価回路

③高域周波数

C_{ot}：出力側にあるすべての静電容量

$R_{OH} = R_{C1} // R_{A2} // R_{B2} // h_{ie2} // \frac{1}{j\omega C_{ot}}$ とすると

$$v_o = -h_{fe1} i_i R_{OH}$$

$$i_o = \frac{v_o}{h_{ie2}}$$

$$A_{iH} = -\frac{h_{fe1} R_{OH}}{h_{ie2}}$$

高域周波数の等価回路

7章

[1]
$$v_1 = v_i - F v_o$$
$$v_o = A_v v_1$$
$$\therefore A_{vf} = \frac{v_o}{v_i} = \frac{A_v}{1 + A_v F}$$

[2] 正帰還が行われ，増幅度が無限大となり発振する．

[3] 長所：周波数特性の改善，雑音やひずみの低減
　　短所：増幅度の低下

[4]

帰還方式	入力インピーダンス	出力インピーダンス
並列–並列	減少	減少
並列–直列	増加	減少
直列–並列	減少	増加
直列–直列	増加	増加

[5] 特徴：入力インピーダンス大，出力インピーダンス小，電圧増幅度1
　　用途：緩衝増幅器として，結合回路などに使用される

[6] $h_{fe} = h_{fe1} \times h_{fe2}$ となる（69ページ参照）．

8章

[1] 許容コレクタ損失は，放熱板の有無で大きく異なるため（72ページ参照）．

[2] $R_L = n^2 R_S$ より $n = \sqrt{\dfrac{3 \times 10^3}{8}} \fallingdotseq 19$

[3] 常に直流電流を流しているために電力効率がよくない．

[4] 電力効率がよく，比較的小さなトランジスタを使用しても大きな出力が得られる．

[5] DEPP方式ではトランジスタが負荷に対しては直列，電源に対しては並列に接続された回路であり，SEPP方式はこの逆だと考えることができる．また，SEPP方式では，出力トランスを必要としない（78ページ参照）．

[6] トランジスタにI_Bを流すためには，約0.6V以上の電圧が必要であるために，入力電圧がこれ以下の場合にクロスオーバひずみが発生する．これを除去するためには，適当なバイアス電圧を加えておく（76ページ参照）．

[7] 図8.5より

$$I_C = \dfrac{V_{CC}}{R_l} = \dfrac{12}{3 \times 10^3} = 4\text{mA}$$

$$P_O = \dfrac{V_{cm} I_{cm}}{2} \fallingdotseq \dfrac{V_{CC} I_C}{2} = \dfrac{12 \times 4}{2} = 24\text{mW}$$

[8] 図8.6より

$$V_{cm} \fallingdotseq V_{CC}$$

$$I_{cm} = \dfrac{2P_O}{V_{cm}} = \dfrac{2 \times 3}{12} = 0.5\text{A}$$

$$R_l = \dfrac{V_{cm}}{I_{cm}} = \dfrac{12}{0.5} = 24\Omega$$

[9] Cの充放電を利用して，電源を1個で済ませている（78ページ参照）．

9章

[1] 実際のトランジスタが有している，エミッタ–ベース間とベース–コレクタ間のpn接合による静電容量や，ベースの幅が非常に狭いことから生じる広がり抵抗r_bを寄生素子という．

[2] h_{fe}やf_Tが大きく，C_{ob}が小さいものを選ぶ．

[3] インダクタンスの性質をもってしまう巻き込み構造のフィルム形やマイラ形を避け，セラミック形などのコンデンサを使用する．
[4] 共振条件の式(9.4)を f について解けば，式(9.22)が得られる．
[5] 図9.17(a)のアドミタンス Y

$$Y = \frac{1}{r+j\omega L} + j\omega C = \frac{r}{r^2 + \omega^2 L^2} - j\left(\frac{\omega L}{r^2 + \omega^2 L^2} - \omega C\right)$$

ここで $\omega L \gg r$ とすれば，

$$Y \fallingdotseq \frac{r}{\omega^2 L^2} - j\left(\frac{1}{\omega L} - \omega C\right) = \frac{r}{\omega^2 L^2} + \frac{1}{j\omega L} + j\omega C$$

$$\therefore R = \frac{\omega^2 L^2}{r}$$

[6] 複同調増幅回路の周波数帯域のほうが，単同調増幅回路よりも $\sqrt{2}$ 倍広がる．
(式(9.17), (9.20)参照)
[7] 回路の Q_L が高すぎる場合に，回路に並列抵抗を挿入して調整する方法．
[8] トランジスタのコレクタ出力容量によって，帰還がかかり発振などを起こさないようにする．
[9] 特定の周波数に同調した増幅回路を構成できる．また，中間周波数は，受信周波数よりも低いために，増幅度の低下が少ない．
[10] 差のヘテロダインの場合は，$1400 - 455 = 945\,\mathrm{kHz}$ となる．

10章

[1] 増幅度が大きい．入力インピーダンスは高く，出力インピーダンスは低い．広い周波数帯域で動作するなど．
[2] オペアンプの入力インピーダンスは非常に高いにもかかわらず，2つの入力端子がショートしていると考えられること．
[3] 図10.12は非反転増幅回路であり，図10.13は反転増幅回路である．それぞれの増幅度は，式(10.6)と式(10.3)のようになる．
[4] 実際のオペアンプでは，入力電圧を0（ゼロ）にした場合でも，わずかな出力電圧が現れてしまうため．
[5] 図10.14は，反転増幅回路であり，その増幅度は次のように求められる．

$$|A_v| = \frac{300\,\mathrm{k\Omega}}{2\,\mathrm{k\Omega}} = 150$$

したがって，出力オフセット電圧は，$150 \times 0.5\,\mathrm{mV} = 75\,\mathrm{mV}$ である．

また，式(10.8)から，Rの値は約 $1.99\mathrm{k}\Omega$ とすればよい．

$$R = \frac{2 \times 300}{2 + 300} \fallingdotseq 1.99\mathrm{k}\Omega$$

[6] 温度や電圧変動，雑音に強い．構成する場合には，特性の揃ったトランジスタや抵抗器を使用して，2つのトランジスタ回路が同じ動作をするように注意する必要がある．

[7] CMRRは，差動利得と同相利得の比で表し，この値が大きいほど高性能な差動増幅回路であることを示す．

[8] オペアンプの入力信号の急激な変化に出力が追従できない場合，出力信号の微小時間当たりの変化量を示したもの（99ページ参照）．

11章

[1] 102ページ参照

$$A_v = \frac{A}{1 - AF}$$

$$AF \geqq 1$$

[2] (a) 遅相形（積分形）移相回路

$$f = \frac{\sqrt{6}}{2\pi CR} = \frac{\sqrt{6}}{2\pi \times 10^3 \times 10^{-12} \times 10 \times 10^3} \fallingdotseq 39\mathrm{kHz}$$

(b) ウィーンブリッジ移相回路

$$f = \frac{1}{2\pi\sqrt{C_1 C_2 R_1 R_2}} = \frac{1}{2\pi \times 10^3 \times 10^{-12} \times 5 \times 10^3} \fallingdotseq 31.8\mathrm{kHz}$$

[3] (a) ハートレー発振回路

$$f = \frac{1}{2\pi\sqrt{C(L_1 + L_2)}} = \frac{1}{2\pi\sqrt{10^3 \times 10^{-12}(530 \times 10^{-6})}} \fallingdotseq 218.7\mathrm{kHz}$$

(b) コルピッツ発振回路

$$f = \frac{1}{2\pi\sqrt{L\dfrac{C_1 C_2}{C_1 + C_2}}} = \frac{1}{2\pi\sqrt{10^{-3}\dfrac{0.002 \times 10^{-6} \times 10^3 \times 10^{-12}}{0.002 \times 10^{-6} + 10^3 \times 10^{-12}}}} \fallingdotseq 195\mathrm{kHz}$$

[4] 図11.14(b)において，抵抗Rを無視すれば，水晶振動子のインピーダンスZは，次式のようになる．ここで，C_sは水晶振動子内の電極間に存在する静電容量である．

$$Z = \frac{\left(j\omega L + \dfrac{1}{j\omega C}\right)\dfrac{1}{j\omega C_s}}{j\omega L + \dfrac{1}{j\omega C} + \dfrac{1}{j\omega C_s}} = j\frac{\omega L - \dfrac{1}{\omega C}}{\dfrac{C+C_s}{C} - \omega^2 L C_s}$$

したがって，固有振動の周波数 f は，$X=0$ ならば分子 $=0$，$X=\pm\infty$ ならば分母 $=0$ と考えて次のように計算できる．

① $X=0$

$$\omega L - \frac{1}{\omega C} = 0 \quad \text{より} \quad f_0 = \frac{1}{2\pi\sqrt{LC}}$$

② $X=\pm\infty$

$$\frac{C+C_s}{C} - \omega^2 L C_s = 0 \quad \text{より} \quad f_\infty = \frac{1}{2\pi\sqrt{L\dfrac{CC_s}{C+C_s}}}$$

12章

[1] 送信したい信号の波形を信号波，高周波信号のことを搬送波という．信号波は搬送波に重ね合わされ，変調波となる．

[2] 例えば，朝日放送（ABC）は 1008kHz であり，1008÷9 = 112 となる．AM ラジオ放送では，搬送波を 9kHz 間隔で配置している．

[3] $v_m = A_c(1+m\cos pt)\cos\omega t$ 式(12.4) より

v_m の最大振幅を a，最小振幅を b とすると，

$$\left.\begin{array}{l} a = A_c(1+m) \\ b = A_c(1-m) \end{array}\right\}$$

これより A_c を消去すると

$$m = \frac{a-b}{a+b} = \frac{6-2}{6+2} = 0.5$$

[4] 搬送波の最大振幅よりも大きい信号波を変調しようとした場合，つまり変調度 $m>1$ のときに，ひずみを生じる現象を過変調という．

[5] 式(12.9)より，搬送波の電力：上下側波帯の電力 = 1 : 0.5 となる．

[6] 比較的小さな信号波でも変調できるが，ひずみが大きい．

[7] ひずみの少ない変調ができるが，必要な電力は大きい．

[8] 図12.8ⓐのような領域では，V_{CE} を変化させても，I_C はほとんど変化しないため変調がかからない．

- [9] 同じ回路であっても，入力する変調波の振幅が小さいと非線形復調，大きいと線形復調が行われる．
- [10] ダイオードの出力電流 i_o が次式で表されるとする（式(12.10)参照）

$$i_o = I_o + g_1 v_i + g_2 v_i^2$$

これに，変調波 v_m を代入する．

$$i_o = I_o + \underbrace{g_1 A_C (1+m\cos pt)\cos \omega t}_{\text{ⓐ \quad ⓑ}} + \underbrace{g_2 A_C^2 (1+m\cos pt)^2 \cos^2 \omega t}_{\text{ⓒ}}$$

項 ⓒ をさらに変形する．

$$\text{ⓒ} = g_2 A_C^2 \left[\left\{1+2m\cos pt + \frac{m^2}{2}(1+\cos 2pt)\right\}\frac{1}{2}(1+\cos 2\omega t)\right]$$

$$= g_2 A_C^2 \left[\left\{\underbrace{\left(\frac{1}{2}+\frac{m^2}{4}\right)}_{\text{ⓓ}} + \underbrace{m\cos pt}_{\text{ⓔ}} + \underbrace{\frac{m^2}{4}\cos 2pt}_{\text{ⓕ}}\right\}\right.$$

$$\left. + \underbrace{\left\{\left(\frac{1}{2}+\frac{m^2}{4}\right) + m\cos pt + \frac{m^2}{4}\cos 2pt\right\}\cos 2\omega t}_{\text{ⓖ}}\right]$$

  ⓐ，ⓓ：直流分
  ⓑ：変調波
  ⓔ：信号波
  ⓕ：ひずみ
  ⓖ：搬送波の2倍の周波数とその側波帯
- [11] 変調波から搬送波を除去したBSB波を，帯域通過（バンドパス）フィルタにかけると，片側の側波帯が取り除かれたSSB波となる．

13章

- [1] FMは，雑音に強いが占有周波数帯域幅が広い．
- [2] 搬送波の周波数が，信号波によって偏移させられる量．
- [3] 122〜123ページ参照．問題の式は，式(13.14)と同じである．
- [4] 式(13.14)から，FM波の上下側波帯は，無限に存在する．しかし，$k<1$ の場合には，J_0（搬送波）と J_1（搬送波に最も近い上下側波帯）のみを考えればよいので，AM波と同様，上下側波帯は各1になる．
- [5] FMでは，占有周波数帯域幅が広い（ステレオ放送で約256kHz）ために，この帯域幅を確保するために，搬送波を高周波にする必要がある．

[6] バリキャップ（可変容量ダイオード），コンデンサマイクとも，信号の変化を静電容量の変化として取り出せる機能をもつ．この機能を利用して，共振回路の周波数を変化させてFM波をつくる．

[7] 直接FM方式は，共振回路の周波数を変化させてFM波をつくる．一方，間接FM方式は，PM回路と積分回路を利用してFM波をつくる．

[8] 直接FM方式は，搬送波の周波数を直接変化させてFM波をつくるために，水晶振動子を使用することができない．

[9] FM波を復調する場合には，まず周波数の変化を振幅の変化に変換し，その後AM復調と同じ回路によって復調を行う．

[10] 図13.7では，2つの包絡線復調回路を，それぞれ搬送波よりも高い周波数と低い周波数復調に割り当てている．そして，R_1とR_2に逆向きの電流を流すことで，図13.8に示すような，直線性のよい周波数特性を得ようとしている．

[11] 変調波に振幅変化があると，出力にその影響が現れてしまう．したがって，入力前に振幅制限回路を設けて，振幅の変化を除去する．

[12] PM波は，FM波よりも$\pi/2$だけ位相偏移が進んでいる．しかし，信号波の振幅の変化を，搬送波の周波数の変化とする点では，同じ変調方式だと考えることができる．

14章

[1] 電圧変動率 $\delta = \dfrac{V_O - V_L}{V_L} \times 100 = \dfrac{12 - 11.6}{11.6} \times 100 \fallingdotseq 3.4\%$

[2] リプル率 = 121%，整流効率 = 40.6%（式(14.15)，(14.19)参照）

[3] リプル率 = 48.3%，整流効率 = 81.1%（式(14.21)，(14.23)参照）

[4] 全波整流回路のほうが，リプル率は低減し，整流効率は向上している．したがって，整流回路としての性能がよいと考えられる．

[5] ダイオードを4個使用するが，変圧回路に中間タップのないトランスを使用して全波整流が行える．また，ダイオードが非導通時にはダイオードを2個使用した全波整流回路に比べてダイオードに加わる逆電圧が1/2となるが，導通時には出力電圧のダイオードによる電圧降下が2倍となる．

[6] 図14.16は，半波倍電圧整流回路である．交流入力$V_m \sin\omega t$の負の半周期ではD_1が導通となり，C_1が充電される．正の半周期では，C_1，D_2を通して，C_2が$2V_m$の電圧に充電される．

[7] インダクタンスを用いたフィルタでは，チョークコイルが大型かつ高価になってしまう．

[8] 検出回路：R_1, R_2，基準電圧：ZD，比較回路：Tr_1，制御回路：Tr_2
出力電圧 V_o が増加した場合の動作については，138ページ①〜⑨を参考にすること．

[9] 回路が複雑でリプル電圧が多いが，小型軽量で高効率である．

● 参考文献

1) 桜庭一郎，熊耳忠：電子回路（第2版），森北出版
2) 雨宮好文：現代電子回路（I），オーム社
3) 押本愛之助，小林博夫：トランジスタ回路計算法，工学図書
4) 押山保常，相川孝作，辻井重男，久保田一：改訂電子回路，コロナ社
5) 藤井信生：アナログ電子回路，昭晃堂
6) 石橋幸男：アナログ電子回路，培風館
7) 藤原修：インターユニバーシティ電子回路A，オーム社
8) 伊東規之：電子回路計算法，日本理工出版会
9) 山本外史：電子回路I, II，朝倉書店
10) 小柴典居，植田佳典：変調・復調回路の考え方（改訂2版），オーム社
11) 伊東規之：オペアンプ設計の基礎，日本理工出版会
12) 角田秀夫：オペアンプの基本と応用，東京電機大学出版局
13) 矢部初男：簡明電子回路入門，槇書店
14) 丹野頼元：電子回路，森北出版
15) 西巻正郎：改版電気音響振動学，コロナ社
16) 伊東規之：増幅回路と負帰還増幅，東京電機大学出版局

索引

■ 英数字

2乗検波　118
2乗特性　116
2乗復調　118
2乗変調　115
3dBダウン　36,86
3定数　44,45
3点接続発振回路　106
AM　111,112
AM放送　89
AMラジオ放送　114
A級電力増幅回路　74
BSB　119
B級プッシュプル電力増幅回路　75
CMRR　98
DEPP方式　75
FET　7
FET増幅回路　41
FM　112,121
FM放送　89
FMラジオ放送　124
FMワイヤレスマイク　126
Ge　1
Geトランジスタ　23
hパラメータ　14,33
IFT　89
LC発振回路　106
MOS形　7,9
npn形　5
n形半導体　2
nチャネル　8
OTL方式　79
PLL回路　109
PM　112,129
pnp形　5
pn接合　3
p形半導体　2
pチャネル　7
Qダンプ　85
RC移相発振回路　102
RC結合増幅回路　51
S/N比　63
SEPP方式　78
Si　1

Siトランジスタ　23
SSB　119
VHF　124
VSB　119
yパラメータ　35

■ あ行

安定化回路　137
安定指数　27
安定抵抗　25
安定度　43

移相回路　102
位相角　122
位相変調　112
位相変調指数　129
イマジナリショート　93

ウィーンブリッジ回路　104
上側波帯　114,123

エミッタ接地増幅回路　11
エミッタ接地電流増幅率　19
エミッタフォロア　18,68
エンハンスメント形　9

オーディオ用増幅回路　79
オペアンプ　91
オペアンプIC　94
温度ドリフト　95
温度変化　21,29

■ か行

角周波数　83,112,121
角度変調　129
カスケード　17
仮想短絡　93
カップリングコンデンサ　26
可変コンデンサ　83
過変調　113,122
可変容量ダイオード　125
加法定理　122
簡易等価回路　33,34

緩衝増幅器　69
間接FM方式　125

帰還回路　62,101
帰還容量　82
帰還率　61
基準電圧　137
寄生素子　82
逆圧電効果　108
逆起電力　74
逆伝達アドミタンス　35
逆方向電圧　4,8
逆方向電圧帰還率　33
逆方向飽和電流　4
キャリア　1,111
共振回路の鋭さ　83
共振現象　82,83
共振周波数　83
局部発振回路　88
許容コレクタ損失　72

空乏層　3,8
クロスオーバひずみ　76

ゲート接地増幅回路　48
結合回路　51
結合係数　87
結合コンデンサ　26
ゲルマニウム　1
検出回路　137
検波　118
検波回路　118

高域遮断周波数　36,58,63
高域周波数　57
高周波用　82
高調波成分　134
交流等価回路　33
固定バイアス回路　23,41
コルピッツ発振回路　108
コレクタ接地　17
コレクタ損失　72
コレクタ電流　6
コレクタ変調回路　117
混信　114

コンダクタンス　36
コンデンサ　82
コンデンサマイク　125
コンプリメンタリ回路　79

■ さ行

サーミスタ　29
最大周波数偏移　124
最大定格　71,73
雑音　62
雑音電圧　62
差動増幅回路　96
差動利得　98
残留側波帯変調　119

シールドケース　89
自己バイアス回路　23,24,41,42
下側波帯　114,123
自由電子　1
周波数　36
周波数スペクトル　114,123
周波数選択性　84,86,106
周波数特性　53,62,63
周波数偏移　122
周波数変換回路　88
周波数変調　112
周波数弁別回路　127
出力アドミタンス　16,33,35
出力オフセット電圧　95
受動素子　62
順伝達アドミタンス　35
順方向電圧　3
順方向電流　3
順方向電流増幅率　33
少数キャリア　9
初期位相　112,121
シリコン　1
信号対雑音比　63
信号波　111,115,121
真性トランジスタ　82
真性半導体　1
進相形　103
振幅制限回路　129
振幅変調　111

水晶振動子　108
水晶発振回路　109
スイッチング作用　7

スイッチングレギュレータ回路　138
スーパーヘテロダイン方式　89
ステレオ方式　124
スルーレート　99

正帰還　62
正帰還増幅回路　101
制御回路　137
正孔　1
静特性　7
整流　5
整流回路　132
整流効率　132,134,135
整流方程式　4
絶縁ゲート形　7,9
絶縁体　1
接合形　7
線形検波　118
線形デバイス　31
線形復調　118
線形変調　117
全波整流回路　134
全波倍電圧整流回路　136
占有側波帯帯域幅　124
占有周波数帯域幅　114,122

相互コンダクタンス　44
増幅作用　7
増幅度　16,97
増幅率　44
相補対称回路　79
ソース接地回路　45
ソース接地増幅回路　47
ソースフォロア　49
疎結合　87

■ た行

ダーリントン接続　69
第1種ベッセル関数　122
第1種ベッセル関数　124
第2高調波　115
ダイアゴナルクリッピング　119
帯域幅　36,85,87
ダイオード　3,132
ダイオードの非線形特性　118
多数キャリア　2,9
多段増幅回路　51
単側波帯変調　119

単同調増幅回路　84
単方向化された回路　88
短絡電流　68

遅相形　103
チャネル　8
中域周波数　55
中間周波数　88
中間周波数増幅回路　89
中間周波トランス　89
中間タップ　135
中和回路　88
中和コンデンサ　88
チョークコイル　137
直接FM方式　125
直流電流増幅率　15,21
直列帰還　64
直列注入　65
直列並列変換　85
直結増幅回路　52

ツェナー現象　4
ツェナーダイオード　137
ツェナー電圧　4

低域遮断周波数　36,37,39,57
低域周波数　56
低域フィルタ　118
低周波用　82
定電圧源等価回路　46
定電流源等価回路　45
デシベル　17
テブナンの定理　32,68
デプレション形　9
デュアルゲート　127
電圧帰還　64
電圧帰還バイアス回路　24
電圧帰還率　15
電圧増幅　12
電圧増幅度　16,54
電圧フォロア　95
電圧変動率　131,133
電圧利得　17
電界効果トランジスタ　7
電源トランス　138
電源の利用率　42
電流帰還　64
電流帰還バイアス回路　23,25,33
電流増幅　12

電流増幅度　16
電流増幅率　15
電流利得　17
電力効率　73
電力増幅回路　71
電力増幅度　16
電力利得　17

等価回路　31
動作点　12,21,74
動作点の設定　14
同相信号除去比　98
同相利得　97
導体　1
同調回路　82,83
動特性　12
トランジション周波数　81
トランジスタ　5
トランス　132
トランス結合増幅回路　52
ドレイン接地増幅回路　49
ドレイン抵抗　44

■　な行

入力アドミタンス　35
入力インピーダンス　15,33
入力オフセット電圧　95
入力オフセット電流　95
入力バイアス電流　96

熱暴走　22
ノートンの定理　32

■　は行

ハートレー発振回路　107,125
バイアス　12
バイアス回路の安定度　27
バイアス抵抗　23
バイアス電圧　14
倍電圧整流回路　136
バイパスコンデンサ　26
バイポーラトランジスタ　9
発振周波数　104
発振条件　106
発振の条件　102
発熱問題　72
バッファ　69

バリコン　83
バリスタダイオード　29,77
搬送波　111,114,115,121,123
搬送波抑圧変調方式　119
反転増幅回路　93
半導体　1
半波整流回路　132

ヒートシンク　72
比較回路　137
ひずみ　62,113,116,119,122
非線形素子　115
非線形デバイス　31
非線形変調　115
比帯域幅　85
非反転増幅回路　94
漂遊容量　39
広がり抵抗　82
ピンチオフ　8
ピンチオフ電圧　8

フィルタ回路　136
フーリエ級数　134
フーリエの定理　114
フォスタ・シーリー周波数弁別回路　128
負荷 Q　85
負荷線　12,41
負帰還　24,53,62
負帰還増幅回路　61,93
復調　118
復調回路　118
復同調周波数弁別回路　127
複同調増幅回路　86
不純物半導体　1
部分分数　133
ブリーダ抵抗　25
ブリーダ電流　25
ブリッジ形全波整流回路　135
ブリッジの平衡　104
分布容量　59

平滑回路　136
平均電圧　138
平均電流　75
平衡条件　88
並列帰還　64
並列共振回路　82
並列注入　65
並列-直列帰還増幅回路　65

ベース-エミッタ間電圧　21
ベース接地　17
ベース接地電流増幅率　19
ベース電流　6
ベース変調回路　116
変圧回路　132
変圧器　132
変調回路　115
変調指数　122
変調度　111,112
変調波の電力　114

放熱板　72
包絡線　112
包絡線検波　119
包絡線復調　119
飽和　93
飽和領域　117
ホール　1
補償　29

■　ま行

巻数比　74

密結合　87
ミラー効果　54

■　や行

誘導性　128
ユニポーラトランジスタ　9

容量性　128
四端子回路　16

■　ら行

ラジオ　88

リアクタンストランジスタ　126
利得　17,97
リプル　131,136
リプル電圧　139
リプル率　131,133,135
リミッタ回路　129
両側波帯変調　119
臨界結合　87

索　引　159

【著者紹介】

堀桂太郎（ほり・けいたろう）
　　学　歴　日本大学大学院　理工学研究科　博士後期課程　情報科学専攻修了
　　　　　　博士（工学）
　　現　在　国立明石工業高等専門学校　電気情報工学科　教授

　　主著書　「H8マイコン入門」東京電機大学出版局
　　　　　　「図解PICマイコン実習」森北出版
　　　　　　「絵とき ディジタル回路の教室」オーム社
　　　　　　「絵とき アナログ回路の教室」オーム社

アナログ電子回路の基礎

2003年 6月10日　第1版1刷発行　　　　ISBN 978-4-501-32290-8 C3055
2018年12月20日　第1版6刷発行

著　者　堀桂太郎
　　　　ⓒ Hori Keitaro 2003

発行所　学校法人 東京電機大学　〒120-8551　東京都足立区千住旭町5番
　　　　東京電機大学出版局　　　Tel. 03-5284-5386（営業）　03-5284-5385（編集）
　　　　　　　　　　　　　　　　Fax. 03-5284-5387　振替口座 00160-5-71715
　　　　　　　　　　　　　　　　https://www.tdupress.jp/

JCOPY ＜(社)出版者著作権管理機構 委託出版物＞
本書の全部または一部を無断で複写複製（コピーおよび電子化を含む）することは，著作権法上での例外を除いて禁じられています。本書からの複製を希望される場合は，そのつど事前に，(社)出版者著作権管理機構の許諾を得てください。
また，本書を代行業者等の第三者に依頼してスキャンやデジタル化をすることはたとえ個人や家庭内での利用であっても，いっさい認められておりません。
［連絡先］Tel. 03-3513-6969，Fax. 03-3513-6979，E-mail : info@jcopy.or.jp

印刷：三立工芸(株)　　製本：渡辺製本(株)　　装丁：高橋壮一
落丁・乱丁本はお取り替えいたします。　　　　　　Printed in Japan